アインシュタイン論文選

「奇跡の年」の5論文

アルベルト・アインシュタイン
ジョン・スタチェル 編 青木 薫 訳

筑摩書房

EINSTEIN'S MIRACULOUS YEAR
Edited and with an introduction by John Stachel
Copyright © 2005 by John Stachel
Japanese translation published by arrangement
with Princeton University Press
through The English Agency (Japan) Ltd.
All rights reserved.

本書のいかなる部分も，出版社の事前の同意と書面による許可なしに，電子的，機械的，磁気的，光学的，化学的その他の手段を問わず，複製，転載，改変，検索システムへの保存，他言語又はコンピュータ言語への翻訳を行うことはできません．請負業者等の第三者によるデジタル化は一切認められていませんので，ご注意ください．

目　次

序文（ロジャー・ペンローズ）　5
「奇跡の年」100 周年に寄せて（ジョン・スタチェル）　15
プリンストン大学出版局によるはしがき　103

はじめに（ジョン・スタチェル）　107

I　アインシュタインの学位論文 ……………………… 141

　　論文1　分子の大きさを求める新手法　159

II　ブラウン運動への取り組み ……………………… 187

　　論文2　熱の分子運動論から要請される，静止
　　　　　　液体中に浮かぶ小さな粒子の運動について　205

III　相対性理論への取り組み ……………………… 221

　　論文3　運動物体の電気力学　251
　　論文4　物体の慣性は，その物体に含まれる
　　　　　　エネルギーに依存するか　297

IV　量子仮説に関する初期の仕事 ……………………… 303

　　論文5　光の生成と変換に関する，ひとつの
　　　　　　発見法的観点について　319

訳者あとがき　345

凡　例

- 本書は,John Stachel 編,*Einstein's Miraculous Year: Five Papers That Changed the Face of Physics*(Centenary Edition, Princeton University Press, 2005)の全訳である.
- 本文中の ［　］は編者による補足,〔　〕は訳者による補足である.
- (1), (2), …と (　) 付数字の注は,アインシュタイン自身による原注であり,脚注として各ページに挿入した.
- [1], [2], …と [　] 付数字の注は編者による注であり,各論文・文章の末尾にまとめた.

序　文

　20世紀に生きたわれわれは，自らの物理的宇宙像に二度も大きな革命が起きるという，たいへんに恵まれた経験をした．最初の革命では，空間と時間の概念が打ち倒され，その両者が合わさって，今日"時空"と呼ばれるものになり，時空が敏感に湾曲して重力を生じさせることがわかった――重力，それは古来なじみ深く，いつ，いかなるところにも存在していながら，なおも謎に包まれた現象である．第二の革命では，物質と放射についての知識がすっかり塗り替えられ，粒子は波のように，波は粒子のように振る舞うという，この宇宙の姿が描き出された．その描像によれば，普通の物理学的な記述さえも，けっして取り除くことのできない本質的なあいまいさをもつ．また，ひとつの物体が，同時にいくつもの場所に出現しうることになる．最初の革命がもたらした理論は"相対性理論"，第二の革命がもたらした理論は"量子論"と呼ばれるようになった．どちらの理論も，科学史上前例のない高い精度で，観測と合うことが立証されている．

　物理的世界の知識に関する革命で，これら二つのいずれかに匹敵するほどのものは，過去にたった3回しか起き

ていないと言ってよいのではないだろうか．第一の革命について語るためには，古代ギリシャ時代に目を向けなければならない．その革命では，物理的世界観にユークリッド幾何学の考え方がもち込まれ，剛体の概念や，静止している物体の位置関係について多くの知識が得られた．またそのとき以降，自然を洞察するためには，"数学的な推論"が決定的に重要だということがわかりはじめた．二つ目の革命について語るためには，一気に時代を下り，17世紀に進まなければならない．その革命では，ガリレオとニュートンが，重さのある物体の運動を理解するためには，物体を構成する粒子のあいだに働く力と，その力によって生じる加速を考えればよいことを教えてくれた．そして19世紀，三つ目の革命が起きた．ファラデーとマクスウェルが，物質粒子だけを考えていたのでは十分ではなく，空間のいたるところに広がっている連続的な場——電場と磁場——も，物質粒子に劣らない実在性をもつということを教えてくれたのだ．電場と磁場は統一されて"電磁場"となり，光の振る舞いは，電磁場が自ら振動しながら伝わっていくと考えることで，みごとに説明することができた．

さて，われらが20世紀に目を向けるとき，なによりも驚くべきは，たったひとりの物理学者——アルベルト・アインシュタイン——が，自然のしくみについて途方もなく深い洞察を得て，1905年というわずか一年のあいだに，二つの革命の両方について，基礎固めをしたということだ．しかもアインシュタインは，その年のうちに，あと二

つの領域でも斬新かつ重要な洞察を得た．ひとつは，分子の大きさを求めた博士論文の仕事，もうひとつは，ブラウン運動の正体を明らかにした分析である．後者の仕事だけでも，アインシュタインは歴史に名を残したことだろう．実際，ブラウン運動に関する彼の仕事は（スモルコフスキーが同じ時期に独自に行った仕事とともに），統計学の重要な一分野の礎石を敷くものであって，その仕事は今日にいたるまで，数え切れないほど多くの分野に絶大な影響を与えている．

　本書には，アインシュタインがその驚くべき一年のうちに発表した5篇の論文が収められている．まずはじめに，今述べた分子の大きさに関する仕事（論文1），次に，ブラウン運動の仕事（論文2）．続いて，特殊相対性理論に関する2篇の論文——一方は"相対性理論"革命の口火となった仕事として物理学者にはおなじみの（一般の人びとにもよく知られた）論文で，絶対時間と絶対空間という概念を葬り去ったもの（論文3），他方はアインシュタインの有名な式，$E=mc^2$ を導いた小論（論文4）である．そして最後に，アインシュタイン自身が（唯一）"革命的"な仕事であると述べた論文（論文5）だ．その論文では，われわれはある意味で，光は粒子だという（ニュートンの）考えに逆戻りしなければならないと論じられている——光は電磁波だけでできていると考えることに，ようやく慣れてきたというのに．一見すると逆説的なその主張から，量子力学の重要な観点のひとつが生まれた．本書には，第一

級の重要性をもつこれら5篇の論文に加え、ジョン・スタチェルによる魅力的かつ啓発的な2篇の小論が収められている。その2篇は、アインシュタインの仕事を歴史的な状況のなかに位置づけるものである。

はじめに述べたように、20世紀にはわれわれの物理的知識に重大な革命が二度も起きた。しかしここではっきりさせておくべきは、アインシュタインの1905年の論文は、いずれも抜本的な重要性をもつとはいえ、二つの革命のどちらについても、その勃発を告げる最初の銃声だったわけでも、革命後の新体制を最終的なかたちで明らかにしたわけでもなかったということだ。

相対性理論についていえば、アインシュタインが1905年に発表した2篇の論文によって時間と空間の概念に起きた革命は、今日の呼び方でいえば、特殊相対性理論だけに関係するものだった。一般相対性理論が完全なかたちで定式化されるのは、それから10年も後のことである——重力に対して"曲った時空の幾何学"という解釈を与えたのは、一般相対性理論のほうだ。特殊相対性理論に関しても、1905年にアインシュタインが示したみごとな洞察のすべてが、彼のオリジナルだったわけではない。特殊相対性理論は、ほかの人たちがすでに提唱していたアイディアの上に築かれたものなのだ（とくに注目すべきは、ローレンツとポアンカレのアイディアである）。しかも1905年の時点では、アインシュタインの考えには、重要な洞察がひとつ欠けていた——その3年後にヘルマン・ミンコフ

スキーが導入する，"時空"という概念がそれだ．4次元時空というミンコフスキーのアイディアはすぐさまアインシュタインの採用するところとなり，彼がのちに成し遂げる輝かしい偉業である，一般相対性理論への決定的な足掛かりのひとつとなった．

量子力学についていえば，革命の勃発を告げる銃声は，1900年に発表されたマックス・プランクの瞠目すべき論文だった．そこには有名な関係式 $E = h\nu$ が示され，放射のエネルギーは小さな塊になっていて，エネルギーの大きさは放射の振動数に比例すると述べられていた．しかしプランクのそのアイディアは，当時の普通の物理学の考え方では理解できず，おずおずと差し出されたその提案の根本的重要性に気づいたのは，アインシュタインただ一人だったようである（とはいえ，彼がそのことに気づくのにも，多少の時間がかかったのだが）．量子論がきちんと定式化されるまでには長い時間を要した——そしてこの第二の革命では，断片的なピースをひとつにまとめ上げるために必要なアイディアを提出したのは，アインシュタインではなく，ほかの大勢の物理学者たちだった．なかでも重要な役割を果たしたのは，ボーア，ハイゼンベルク，シュレーディンガー，ディラック，ファインマンである．

アインシュタインと量子物理学との関係にはいくつか注目すべき点があるが，それらはどれも，ほとんど逆説的と言ってよい性質のものである．そのなかでももっとも初期の，そしておそらくはもっとも注目すべきは，アインシュ

タインの最初の革命的仕事である二つの論文，すなわち量子現象に関する論文（論文5）の出発点と，相対性理論に関する論文（論文3）の出発点とでは，光を記述するマクスウェルの電磁気理論の位置づけが矛盾しているように見えることだろう．アインシュタインは論文5で，光の作用はマクスウェルの方程式だけで完全に記述できるという考えを捨てることを言明し（マクスウェルの観点に立つなら，光は振動する電磁場であり，波である），光は小さな粒子として振る舞うというモデルを提唱した．ところが彼は（その後に発表した）論文3で，マクスウェル方程式はたしかに基本的な真実を捉えているという立場から出発して特殊相対性理論をつくり上げたのである．そして彼が構築した相対性理論は，あくまでもマクスウェルの方程式を無傷のままに残すように設計されているのだ．マクスウェルの理論と矛盾する"光の粒子説"を提唱した論文5においてさえ，彼はその冒頭で，マクスウェル理論（波動説）についてこう述べている．「光の波動論は，……今後とも他の理論に取って代わられることはないだろう」．物理学者としてのアインシュタインの絶大な力が，自然の仕組みを見通す物理的直観にこそあったことを思えば，矛盾としか思えないこの言葉は見過ごせない．これが並の物理学者だったなら，ひとつのモデルを作ったのち，別のモデルも試してみたのだろう，と考えることもできよう（今日の物理学者なら普通にやっていることだ）．そう考えれば，提唱された観点が互いに矛盾していても，とくに不思

議はない．つまるところ，どちらのモデルにも，さほどの確信があったわけではなかったのだろう，と．しかし，ことアインシュタインに関するかぎり，そう言って片づけてしまうわけにはいかないと思うのだ．彼は，ほかの物理学者なら容易には見通せない深いレベルで，自然について鮮明で重要なアイディアを摑み取っていたようにみえる．その彼が，互いに矛盾すると感じていながら，相異なる仮想的自然観に立った論文を，しかも同じ年のうちに発表するとは，わたしにはどうしても思えないのである．きっと彼は，マクスウェル方程式は自然を正確に記述する——というより，自然に関する正しい方程式である——ということと，論文 5 で提唱した "量子的な" 粒子という考えとのあいだには，本当の意味での矛盾はないのだと，心の底では感じていたにちがいない．

そこで思い出されるのは，アイザック・ニュートンも同様の問題に——300 年ほど前に——苦しんだということだ．ニュートンは，光の振る舞いにみられる互いに矛盾する側面を説明するために，波動説と粒子説を折衷したような興味深い説を打ち出した．ニュートンのケースでは，彼は相対性原理をなんとしても保持したかったのだろうと考えれば（実際，そう考えるのが理に適っている），光を粒子と考えることに固執したのも理解できる．しかし，その説明が妥当なのは，その相対性原理がガリレオ流の（そしてニュートンの）相対性原理である場合だけなのだ．アインシュタインのケースでは，その説明は通用しない．と

いうのは，彼が提唱した相対性原理は，ガリレオのものとはまったく別だからである．アインシュタインの相対性原理によれば，マクスウェルの波動説は無傷のままで生き延びる．つまり，アインシュタインが，マクスウェルの光の波動説はある意味では正しいにもかかわらず（そのことは1905年には十分に立証されていた），何か別のもの——3世紀前のニュートンのハイブリッドな"波−粒子"像に逆戻りするようなもの——に修正を要すると強く確信していたのはなぜかを理解するためには，もっと深い理由を探さなければならないのである．

　アインシュタインの思索を導く大きな力のひとつとなったのは，重さのある物体を構成する粒子は離散的なのに，マクスウェルの場は連続的だというのは，何かちぐはぐしているという思いだったのではないだろうか．その軋轢を彼が非常に気にかけていたということが，とりわけ鮮明に表れているのが，1905年に発表された5篇の論文である．論文1と論文2では，液体を構成する分子のような微小な物質の性質を示すことそれ自体を目標にしており，物質の"原子的"性質が前面に押し出されている．この二つの論文では，アインシュタインが，そうした問題を扱うために必要な物理的・統計的なテクニックに熟達していたことがよくわかる．そして論文5では，彼は驚くべき熟練の技を示して，電磁場を微小物質と同様に扱うことにより，マクスウェル流に光をとらえるだけでは理解できない現象に説明を与えた．実際，アインシュタインがここで示

したのは，古典的なアプローチの問題点は，連続的な場と離散的な粒子とが共存して相互作用するような描像は，物理的に意味をなさないということだった．かくして彼は，今日の量子論的な観点——すなわち，粒子は波の性質をもち，場は粒子の性質をもつという観点——に向かって，大きな一歩を踏み出した．量子的な描像のなかで正しく見るなら，粒子と波とは，実は同じものだからである．

もうひとつ，一見すると逆説的で，しばしば謎とされるものがある．アインシュタインは，同時代人に大きく先駆けて量子現象を理解したというのに，なぜその後の量子論の展開に後れをとったのだろうか？ 事実，アインシュタインは 1920 年代に量子論がついに姿を現して以来，これを承認したことはただの一度もなかった．多くの人たちは，アインシュタインは"時代遅れ"の実在論のせいでだめになってしまったが，ニールス・ボーアのような人たちは，分子，原子，素粒子のような量子レベルでは，そもそも"物理的実在"などというものはないのだと考えることにより，前進できたのだと言うだろう．だが，1905 年に彼が基本的進展を成し遂げることができたのは，分子やそれ以下のレベルにおける物理的なものが，正真正銘実在しているという信念を貫いたからにほかならない．そのことは，本書に収録された 5 篇の論文に鮮やかに見てとれる．

ボーアの追随者たちなら，アインシュタインは根本的に「間違っていた」と言っただろう．しかし，本当にそう言えるのだろうか？ わたしはそうは思わない．わたし自身

は、極微の世界の実在性に対する彼の信念、そして今日の量子力学は根本的に不完全だという彼の確信を強く支持したい。またわたしは、実在の性質をめぐっては、決定的に重要な洞察がまだ欠けているという意見である。そしてその洞察は、量子論の基本原理と、アインシュタイン自身の一般相対性理論の基本原理との矛盾のように見えているものを、深いレベルで分析するなかで、いずれ明らかになるだろうと考えている。その洞察が得られ、適切に用いられたときにはじめて、ミクロの世界を支配する法則と、マクロな世界を支配する一般相対性理論の法則との根本的な緊張関係は解消するだろう。しかし、その革命を起こすにはどうすればよいのだろうか？　時が経てば、そして新たな革命が起これば、その答えがきっと明らかになるだろう——おそらくは次なる奇跡の年に！

ロジャー・ペンローズ
1997 年 12 月

「奇跡の年」100 周年に寄せて

——青春のアインシュタイン*

> 生意気万歳！　生意気は，この世におけるぼくの守り神だ．　　——アインシュタインからミレヴァ・マリチへ
> 1901 年 12 月 12 日[1]
> ぼくは孤独を求め，そして孤独になれば，心中それを悲しむのです．
> ——アインシュタインから"ママ"ヴィンテラーへ
> 1897 年 5 月 21 日[2]

「アインシュタインの奇跡の年」から，まる 1 世紀が過ぎた——『タイム』誌によれば，その 100 年はアインシュタインの世紀だった[3]．老賢者にして伝説の聖人のようなアインシュタインの写真に飾られた『タイム』の表紙は，挑戦的なくせに傷つきやすい 26 歳の若者だった 1905 年当時の彼と，今日のわれわれとのあいだに立ちはだかる大きな壁を象徴している[4]．100 周年を記念して企画された催しの多くも，しょせんは熟年の彼というゆがんだレンズを通して青年アインシュタインを見て，彼は生まれながらに老成していたかのような神話を助長するばかりなのではないかと気がかりだ．

そこでわれわれは，若き日のアインシュタインを——子ども時代から，スイス特許局の審査官だった 1905 年まで

---

* 草稿を丹念に読み，改善に役立つ多くの助言をくれたアルベルト・マルティネスとカレン・ジョーンズに感謝する．

の彼を——ありのままに見るように努めよう．本書の初版に寄せた序文〔本書107ページの「はじめに」〕では，彼が1905年に成し遂げた仕事の性格，およびその意義の解説をめざした[5]．そこでこの小論では，青年アインシュタインをかたちづくった家庭環境や，彼の性格といった要素を取り上げてみたい．内容は大きく絞り込み，次の四つのテーマを軸として構成した．

1. 若きアインシュタインの性格形成に，いくつかの両極性が果たした役割．
2. 彼の身辺にふんだんにあったテクノロジーと，それが彼の人間形成に及ぼした影響．
3. 彼の思考プロセスの特徴とは？　この疑問に彼自身の言葉から迫る．
4. 研究と異性関係を両立させようとして果たせなかったこと．

1. 若きアインシュタインの性格に認められる両極性について

アインシュタインの行動を見ると，相補的だが互いに対立するいくつもの傾向のあいだで引き裂かれるという，若者らしい葛藤があったことがわかる．彼の性格上のそうした特徴を，両極性と呼ぶことにしよう[6]．以下では，その両極性のなかから，とくに次の二つのものを取り上げて

見ていく.

1. 権威ある目上の者たちに承認されたい,譽められたいという強い思いがある一方で,誰の指図も受けないという独立性への,やむにやまれぬ欲求があったこと.自らの目標を達成せんがために,権威者に対して不遜な態度をとることさえあった(「生意気万歳!」).
2. 親しく話せる相手や,愛情を分かち合える相手を求める一方で,知的な"発明"を成し遂げるために,一人でいる必要があったこと(「ぼくは孤独を求め……」).(第3節参照)

著名な精神分析家エリック・エリクソンは,短篇ながら意義深い研究のなかで,アインシュタインの幼年期に関する資料を紹介したのち,掛け言葉を駆使して次のように問いかけた.

> この少年の症状[言葉を話しはじめたのが比較的遅かったこと——それについては以下の第3節で取り上げる——をはじめ,彼の行動にみられる特徴]は,正真正銘の欠陥(defect)なのだろうか,それとも発達における系統的差異(difference)なのだろうか? またそれらは,強度の自信のなさ(diffidence)ゆえに——そしてやがては少なからぬ傲慢(defiance)のために——

いっそう強められたのだろうか？[7]

そしてエリクソンはこう続ける．

> 幼いアルベルトには，なんであれ自分のやり方以外の方法で学ぶことに抵抗する傾向があった．幼少期には突然の感情の爆発として（たとえば家庭教師の先生に対し）表出した彼のその性格は，母方の祖父から受け継いだものだった．詰め込み教育への反抗は，彼をいわゆる"問題児"にするどころか，深くて基本的な性向となり，彼はそのおかげで，子ども時代と青年時代を通して自由に学ぶことができた．たとえその学びに時間がかかろうと，感覚や認知のどんな段階を踏む学び方であろうと，彼が自分なりの勉強方法を貫くことができたのは，その性向のおかげだった．[8]

こうしてアインシュタインは，丸暗記など一般的な方法で学ぶという重圧からおのれの内面を守り，得意でもなければ興味もなかった外国語のような科目に余計な力を費やさずにすんだのだった．しかしだからといって，彼ができの悪い生徒だったというわけではない．自ら身を入れて学ぶと決めた科目では，彼は優秀な成績を収めているし，独力で学ぶ習慣を身につけ，数学，物理学，哲学などの分野では，クラスメートらをはるかに超えるレベルに達したのである．

彼はミュンヘンでカトリックの初等学校に入学し[9]，優秀な成績を収めた．しかしその学校での経験は，彼とほかの生徒たちとのあいだに壁をつくることとなった．クラスで唯一のユダヤ人だった彼は，後年，その経験を次のように回想している．

> 子どもたちのあいだでは反ユダヤ主義が猛威を振るっていたが，とくに小学校はそうだった．ユダヤ人への排斥運動は，〔従来の宗教にもとづくものではなく，19世紀になって生まれた新しい〕人種説にもとづくものだったが，驚いたことに，そういった知識が子どもたちのあいだにも広まっていたのである．そしてまた，宗教教育から受ける〔ユダヤ人の〕イメージもあった．通学路でいじめられたり馬鹿にされたりするのは毎度のことだったが，通常，さほどひどいことはされなかった．いずれにせよ，それだけの経験をすれば，子どもの心を強い孤立感で満たすには十分だった．[10]

アインシュタインが9歳になると，両親は設立されてまもない名門の中等教育学校ルイトポルト・ギムナジウムに息子を進ませた．彼の両親が，ギリシャ語，ラテン語の古典教育を重んじる"ギムナジウム"を選んだのは，当時としては少々異例のことである．アインシュタイン家のような裕福なユダヤ人家庭（以下の第2節参照）の息子は，近代の文化や科学，そして科学技術に重きを置く"レア

ルシューレ（実業学校）"に行くのが一般的だったからだ．後年のアインシュタインは，レアルシューレに行ったほうが良かったと思っていたらしく，息子のハンス・アルベルトへの手紙に次のように書いている．

> レアルギムナジウムに行くのには大いに賛成です．おまえのような方向性の才能をもつ人間にとっては，語学ばかり詰めこまれるのは良いことではないからね．[11]

アインシュタインの唯一のきょうだいである妹のマヤは，兄のギムナジウム時代について次のように述べている．

> [兄は]あのギムナジウムには相当不満だったようです．ほとんどの科目は教え方が嫌でたまらず，教師たちのほうも，兄のことを良くは思っていないようでした[12]．とくに若き日の兄にとって，あの学校の軍隊的な雰囲気が不愉快だったのでしょう．徹頭徹尾，権威を崇拝するよう仕込まれるのですから．生徒を軍隊式の訓練に慣れさせることが，教育の前提とされていたのです．遠くない将来，兵役の義務を果たすために軍服に身を包まれなければならないと思うと，兄はおぞけを震うのでした．精神的に押しつぶされて神経が参りそうになり，兄はなんとかそこから抜け出したいと考えるようになりました．[13]

1895 年にアインシュタインの両親は，就学中の息子を残し，より良いビジネスチャンスを求めてイタリアに移った（次の第 2 節参照）．ところがあろうことか，16 歳のアインシュタインは突如ギムナジウムをやめて，年度半ばにして家族のもとにやってきたのである．中等学校の修業年限が 1 年半ほど残っていたにもかかわらず，彼はチューリヒ工科大学に入学願書を提出し，受験を認められた．アインシュタインは数学と物理学で優秀な成績を収め，工科大学の物理学教授だった H.F. ヴェーバーを感心させたが，まずは中等教育を終えるために，チューリヒからほど近いアーラウのアールガウ州立学校で学ぶように言われた．その学校を卒業すれば，そのままチューリヒ工科大学に進むことができたのだ[14]．アールガウ州立学校の教育環境は，ドイツにおけるそれとは大きく異なり，アインシュタインはそこで才能を開花させた．アインシュタインとともに学んだハンス・ビラントは，後年，当時を振り返ってこう語った．

> 1890 年代のアールガウ州立学校では，無神論の嵐が吹き荒れていました．そのことは，わたしのクラスからも，となりの二つのクラスからも，神学者はただのひとりも出なかったことからもわかるでしょう．生意気なシュヴァーベン人［アインシュタイン］は，そんな気運のなかでも，まんざら居心地が悪いわけではなさそうでした．[15]

履修科目のラインナップや，ドイツとくらべて柔軟な教え方，教師と生徒との関係も比較的遠慮のないものだったこと（ペスタロッチの伝統）は，アインシュタインの気性に合っていた．それでも彼の鼻っ柱の強さは，相変わらずだった．地学担当の教師だったフリッツ・ミュールベルクとのあいだには，こんなエピソードがある——アインシュタインは，実はその教師のことをかなり好きだったのだが．ミュールベルクはアインシュタインに，ある地質調査についてこう尋ねた．「さて，アインシュタイン，ここの地層はどの向きになっているかね？ 下から上に向かっているかな，それとも上から下に向かっているかな？」するとアインシュタインは生意気にもこう答えたのだ．「ぼくにとってはどちらでもよいことです，先生」[16]

また別の同級生は，次のようなアインシュタイン像を残している．

> 世間に対する彼の態度は，因習にとらわれない，笑う哲人のそれだった．機知に富んだ彼の嘲笑にかかっては，どんな自惚れや気取りも情け容赦なくうちのめされた．会話ではいつも主導権を握り，旅慣れているおかげで——両親はミラノに住んでいた——趣味も良く，大人びた判断を下すことができた．人を不愉快にさせようがさせまいが，自分の意見ははっきりと口にした．こうした真実への勇気ある愛が，彼の個性そのものに一種の威信を与えていた．長い目で見ればその

威信は，彼に敵対する者たちにとってさえも，強い印象を与えることになった．[17]

　彼は，フランス語以外はのきなみ優秀な成績でアールガウ州立学校を卒業し，チューリヒ工科大学に進んだ．ここでも彼の生意気な態度はことあるごとに目を引いた．やはり工科大学で学んでいたマルガレーテ・フォン・ユクスキュルは，アインシュタインと同じ実験物理学を受講したときに次のような経験をした．

　暖かい6月のある日のこと，彼女［フォン・ユクスキュル］はチューリヒ工科大学の実験室で実験にてこずり，午後いっぱいそれにかかりきりだった．とうとう彼女は頭に来て，小柄で太った物理学教授［ジャン・ペルネ］に口答えをはじめた．その教授は試験管が壊れることを心配して，彼女がコルクで栓をすることを許さなかったのだ．そのとき彼女は不意に，「きらきらした大きな二つの眼が，やめておけと言うようにわたしの方を見つめている」ことに気づいた．それはアインシュタインの目だった．そして彼はこっそりと，その教授は頭がどうかしていて，最近も授業中に，怒りのあまり，学生たちの前で失神したことがあると教えてくれた．そして，きみの実験ノートを貸してくれれば，少しはマシな結果をでっち上げてあげるよ，と言うのだった．さて次の演習のとき，教授は大

きな声で彼女にこう言った.「そら, みなさい. やる気さえあれば, わたしの言った難しい方法でも, ちゃんと結果が出せるではないか」[18]

フォン・ユクスキュルによれば, 1898年から1899年にかけての冬学期に, アインシュタインは彼女以外にも8人の学生に, 同じように声をかけていたという. ペルネ教授は, アインシュタインのこの行動自体は知らなかっただろうが, アインシュタインが自分をどうみているかには気づいていたようだ. ペルネはアインシュタインに最低の点をつけ, 彼の工科大学の成績表のなかで唯一, 次のような懲罰の記録を書き込んだ.「1899年3月. 物理学実験のときに不真面目だったという理由により, 指導教官から叱責を受けた」[19]

アインシュタインは当初, チューリヒ工科大学の上級物理学教授であるH.F.ヴェーバーと良好な関係を結び, ヴェーバーの講義を評価していた. 実際, 工科大学の最後の2年間は, 学校にいる時間のほとんどをヴェーバーの実験室ですごしたほどだった[20].「実験にじかに触れてみることに心を奪われた」と彼は書いている (後述参照). ところが独立独歩の気性のために, やがて彼はヴェーバーからも離れていく. ヴェーバーはアインシュタインにこう言ったと伝えられている.「きみは頭がいいよ, アインシュタイン, とても頭がいい. しかしきみにはひとつ大きな欠点がある. 人の話を決して聞こうとしないことだ」[21]

数学と物理学の教員養成を目的とする部門（VIA科）の少人数からなる入門クラスで仲間たちと学ぶようになってまもなく，アインシュタインはクラスの紅一点であったミレヴァ・マリチ（Mileva Marić）と親しくなる．

> 彼女とアインシュタインは，偉大な物理学者たちのことを熱心に学ぶという共通の関心事があり，いっしょにいることが多かった．アインシュタインは仲間といっしょに考えることが——というより仲間に向かって話すことで自分の考えを明確にできるのが——楽しかったのだ［以下の第3節を参照］．ミレヴァ・マリチは寡黙で，めったに口を挟まなかったが，アインシュタインは夢中になってしゃべっていたので，彼女の無口さにもほとんど気づかなかった．[22]

しかしアインシュタインの辛辣なもの言いのせいで，まもなくマリチと同郷のセルビア人の女学生仲間たちは彼女から離れていった．

> 彼女たちはわたしを嫌っているようだけれど，なぜそうなるのか想像もつきません．わたしのことをスケープゴートにしているのかも．……今日，アインシュタインさんは，彼女たちをネタに面白おかしい短詩を作りました．彼はそれを彼女たちにあげるつもりのようです．そうなったら気分がいいのだけれど．[23]

アインシュタインはクラスのみんなとうまくやっていたが、ひとりだけ特別に仲良くなった友達がいた——マルセル・グロスマンである。グロスマンの父はのちに、アインシュタインの最初の就職先となるスイス特許局に口ききをしてくれることになる。またこのチューリヒ時代、アインシュタインはミケーレ・ベッソとも親しくなった。ベッソとはなんでも話せる仲で、その友情は一生涯続いた。だいぶ後になって、アインシュタインは工科大学時代を回想して次のように語っている。

1896-1900年：チューリヒ工科大学の［数学と物理学の］教師養成部門で学ぶ。
　まもなく自分は平凡な学生でいるしかないことを悟りました。良い学生であるためには、まず頭が良くなければなりません。与えられた課題には熱心に取り組み、講義ノートをきちんと取り、逐一真面目に身に付けなければなりません。残念ながら、わたしにはそうした特徴がすべて欠けていたのです。[24]

思うに、これはアインシュタイン自身が、老人の目で若き日の自分を描き出した例のひとつだろう。現実には、少なくとも工科大学のはじめの2年間については、アインシュタインはなかなかまじめな学生だったようだ。彼は、入学して2年目に受講したH.F.ヴェーバーの物理学の講義ノートを良く整理して手元に残しており[25]、その講義

について次のようにマリチに書いている．

> ヴェーバーの熱（温度，熱の性質，熱運動，気体運動論）の講義はすばらしいです．講義が終わるたびに，次回が待ち遠しくなります．[26]

彼のノートは非常に良くとれていたので，マリチはそれを使って中間試験の勉強をした[27]．

工科大学では，試験は2度しかなかった．2年間学んだ時点で受ける中間試験と，4年間学び終えたときの最終試験である．その中間試験で，アインシュタインはVIA科の五つのグループの学生全員のなかで最高点を取り，6.0満点で5.7だった．彼が真剣に試験勉強に取り組んだのは明白だろう．彼はマルセル・グロスマンといっしょに勉強したときのことを，マリチにこう語っている．

> 試験のときは，考えることもすることも，一切合切自分のせいだと思うので，まるで監獄に入っているみたいです．そうではありませんか？ グロスマンとそんなことを言い合って，さんざん笑いました——しかし，「顔で笑って，心で泣いて」なのですが．[28]

彼が普段の勉強をサボるようになったのは，中間試験に合格してからのことだ．最終試験のときは数カ月前になってから，マルセル・グロスマンの丹念なノートを頼りに勉強

し，「良心の呵責は甘んじて」受けた．[29]

> わたしはほとんどの時間を物理学の実験室ですごし，自分で経験してみることに魅了されました．家ではおもに，キルヒホフ，ヘルムホルツ，ヘルツらの仕事を勉強することに時間を使いました．[30]

彼のこの回想は，当時の手紙によっても裏づけられる（『アインシュタイン論文全集』第1巻参照）．手紙にはこれら3人に加えて，ボルツマン，ドルーデ，プランク，オストヴァルト，マッハを勉強したと書かれている．

　1900年に最初の論文を書いたとき，彼はその写しをボルツマンとオストヴァルトに送り，返事を心待ちにしていたようだ．しかし結局，どちらからも返事は来なかった．1900年に工科大学を卒業した後，物理学科の"助手"のポストに就きたいと思っていたが，その願いも叶わなかった．彼の父親がヴィルヘルム・オストヴァルトに宛てたいじらしい手紙には，1901年の彼の心理状態が描き出されている．

> 息子は現在の職のない状況に深く苦しみ，自分は人生のレールを踏み外してしまい，もう二度と元には戻れないだろうという思いが日に日に強まっているようです．……栄誉ある教授殿，息子は今，現役の物理学者のなかで，あなたをもっとも尊敬し，崇拝しておりま

すので，息子が『アナーレン・デア・フィジーク』に発表した論文を，どうか読んでみていただけないでしょうか．そして息子が日々の幸福と創造的研究を取り戻せるように，励ましの言葉を一，二行でも書き送ってやってはいただけないかと，お願い申しあげる次第です．[31]

しかし父親にも息子にも，何の返事もなかった．
　アインシュタインが，パウル・ドルーデの仕事のなかに誤りらしきものを見つけたとき，その点を別にすれば高く評価できる仕事だったので，彼は尊敬する人物と連絡をつけたい，そしてできることなら就職のために力を貸してほしいという気持ちから，ドルーデに宛てて力のこもった手紙を書いた．しかしドルーデからの返事は，彼の希望を打ち砕くものだった．

家に帰ると……ドルーデから手紙が届いていました．そこには手紙の主の見さげはてた根性がむきだしになっていました．これ以上，何もいう必要はないでしょう．今後は，こういう人間には決して頼りません．そしてこういう人間は，学術雑誌上で情け容赦なく叩きのめしてやるつもりです．なるほど人はこうして，少しずつ人間嫌いになっていくのですね．[32]

　こうした例は枚挙にいとまがないが，アインシュタイン

は後年好んで描き出したほどには(そしておそらく,自分で思っているほどには),誰にも頼らなかったわけでも,スキのない大人びた青年だったわけでもないことがわかる.むしろここに見て取るべきは,この節のはじめに述べた両極性の,一番目のものだろう.権威ある人物からの独立(ときには権威に対する大胆な抵抗)を誇示せずにはいられない一方,そういう人物に承認を求めてはねつけられれば傷つく心の葛藤である.

エリック・エリクソンは二番目の両極性について次のように述べている.

> しかし精神分析医は,アインシュタイン自身が創造性の代償であると語りもし,多くの人たちが認めていること,つまり,一種の孤独感にも一瞥なりとすべきだろう.[フィリップ・]フランクは何のためらいもなく,「彼は学生や同僚,友人たちといるときにも,そして家庭にいてさえも孤独な人間」だったので,「職業人としての活動も,そして家族さえも,彼にとって大した意味はなかった」と,十把ひとからげの判断を下している[33].もしもフランクが,結婚生活までもそれに含めるつもりだったなら,たしかにアインシュタイン自身,何通かのとりわけ胸を打つ手紙のなかで,力なくそれを認めているようにみえる…….それでも,彼の手になる何通かの手紙と,存命する身近だった人たちの語ることを聞けば[1979年,エリクソ

> ンはヘレン・デュカスとマーゴット・アインシュタインに面会した]，彼は親愛の情が厚く，それを相手に伝えるすべを知る人物であったことは，疑いえないと言わなければならない．ある種の孤立性と外向性（とくに子どもたちに対して）が交互に現れるダイナミックな両極性が，ここにもありそうだ．……とすれば，アインシュタインが記述の主語を，"I" や "We" から "It" に変えるとき，彼がわれわれに見せているのは，仕事と親愛の情とのあいだで引き裂かれるという，強烈な実存的感覚にほかならない．これは科学者に典型的なある種のバランスの崩れとして，多くの研究で記述されてきたものである．[34]

この両極性については，第3節でアインシュタインの思考プロセスを見たのち第4節でふたたび取り上げることにしよう．そうすることで，彼の形成過程において，ひとりでいる時期がなぜそれほど重要だったことが明らかになればと思う．

2. テクノロジーに囲まれた
アインシュタインの生い立ち

2.1 アインシュタイン一家の事業

アインシュタインの妹マヤは，アインシュタインの父親が電気テクノロジーの業界に踏み込んだときの状況を丹念

に語っている.

> ヘルマン・アインシュタインの弟は,名前をヤーコプといって,のちには育ち盛りのアルベルトに少なからぬ知的影響を及ぼすことになるのですが,工学の勉強を終えると,[ミュンヘンに]水道と電気機器の会社を設立することにしました.自前の資金だけでは足りなかったので,兄のヘルマンに声を掛け,ヘルマンが経営にもあたり,相当額の投資もして,いっしょに会社をやらないかと声をかけたのです.……世界中が電灯を導入しはじめた時期でもあり,慎ましく立ち上げた事業は,順調に発展しているようでした.しかしヤーコプ・アインシュタインは,もっとずっと高いところをねらっていたのです.彼は多角的なアイディアがわき出るタイプの人間で,自分が発明した発電機を大規模に工業生産したいと考えるようになりました.そのためには大きな工場と,かなりの資本が必要です.親族のみんなが——とりわけヘルマンの義理の父親ユリウス・コッホが——資金を出してくれたおかげで,その企ては実現しました.[35]

さいわいにも,その会社の従業員だったアロイス・ヘヒトルの回想録が残っている[36].ヘヒトルがJ.アインシュタイン社の電気技術工場で働き出した1886年の時点では,工場には旋盤が3台,作業台が8台,そして2機の

塊鉄炉があった．

> 小さな事業所だからできることですが，わたしは毎日違うタイプの仕事に取り組みました．……何から何まで事業所のなかでこなしていたのです．わたしはまもなく，どんなタイプの発電機でも自信をもって作れるようになりました．制御盤，アークランプ，測定機器の製造のことは任せてもらえましたし，電灯の製造のことなら，たいがいのことはわかりました（当時はまだ送電装置はありませんでした）．[37]

ヘヒトルは，発電機の製作や電気照明の技術，それらに関連する装置類を大量生産するために，会社が成し遂げた技術的な進展について語っている．こうしてJ.アインシュタイン社は，一時はジーメンス・ウント・ハルスケやアルゲマイネ・エレクトリツィテート・ゲゼルシャフト（AEG），S.シュハルトといったドイツ有数の大企業と張り合うほどになった[38]．他の資料によれば，アインシュタイン社は最終的に50人から200人ほどの従業員を雇っていたようだ——まだまだ小さいとはいえ，すでに零細とはいえない規模である．1886年10月には，アインシュタイン社はミュンヘンのオクトーバーフェストの電気照明を受注した．オクトーバーフェストは，ミュンヘン社会の一大イベントである．また同社はプショール醸造をはじめ（ビールは当時も今も，ミュンヘンの社交の要だ），地

元ミュンヘンのさまざまな会社の照明も請け負った．

1880年代末までには注文がつぎつぎと舞い込むようになり，その多くは外国からのものだった．ヤーコプ・アインシュタインは，発電機，照明装置，電気測定装置の特許を，ときには単独で，ときには職場主任のセバスチャン・コルンプロストと共同で取るようになった．特許はドイツのみならずイタリアでも取得し，一件などは，アメリカでまで取得している．また，大都市ではないにせよ，ひとつの街全体の街路照明も受注するようになり，目立ったところでは，北イタリアのヴァレーゼと，今日ミュンヘンの一地区となっているシュヴァービンクからの注文もあった．そしてついに，会社に大きなチャンスが回ってきた．ヘヒトルはこう語る．

> 1893年の初め，ミュンヘン市は約360個のアーク灯を使った街路照明設備を建設すると発表しました．出力は300馬力，200キロワットです．アインシュタイン社は実施可能な計画を提出しましたが，結局，ニュルンベルクのS.シュハルト社のプロジェクトが採用されました．そのプロジェクトは，同社が実施した大規模設営事例の経験にもとづいて計画されていたのです．
>
> J.アインシュタイン社の所有者であるヤーコプとヘルマンのアインシュタイン兄弟にとって，この敗北は大打撃でした．なにより痛手だったのは，市が地元

ミュンヘンの会社にチャンスを与えず，（同じくバイエルンの都市である）ニュルンベルクの会社と契約を結んだことでした．S.シュハルトは同様の大規模設営の経験が豊富で，資本もはるかに大きい会社です．

　イタリアには事業の太いパイプがあったので，そこに支店を置くという話もあったのですが，その計画は見直しを余儀なくされました．1893 年［経済危機の年］の全般的な経営状態の悪化のために，一部の従業員を解雇し，就業時間を短縮せざるをえなくなったこともあって，いっそ会社をそっくりミラノに移そうということになったようです．この決定はわれわれ従業員に漏れないわけがなく，漠然とした不安が広がりました．[39]

ミュンヘンにおける電気テクノロジーの発展を指導する立場にあった二人の人物，オスカー・フォン・ミュラーとE.フォイト教授は，1899 年の時点で次のように当時の状況をまとめた．

　大手の電気技術工場が当地［ミュンヘン］にあれば，もっと順調だったろう．……初めは好調だったJ.アインシュタイン社は，よその有力な会社にはじきだされ，まもなくそういう会社がミュンヘンに子会社を作った．[40]

資本を集めて，大規模な発電所を建設するという電気業界の動きに乗り遅れまいと，アインシュタイン兄弟はまもなく，ミラノの南にあるパヴィアに大きな工場を作り，発電所を経営することにした．しかし，当時の新聞記事が伝えるところにあれば，兄弟はまもなく，金銭がらみのゴタゴタに巻き込まれてしまう．パヴィア市の電力供給のために地元の共同組合が設立されたのだが，アインシュタイン社は，ナヴィリオ（ミラノ市内に網の目のように張り巡らされた運河）の水を使う権利をこっそり買い取り，組合に既成事実を突きつけようとした．しかしそれが露見し，組合はアインシュタイン社との契約を破棄して，別の会社に電気の供給権を与えたのである．

結局，アインシュタイン兄弟は，1896年の夏に会社を整理解散した．それからというもの，ヘルマン・アインシュタインは金をめぐる苦労と心労が絶えず，その状況は彼が死ぬまで続いた．マヤ・アインシュタインはこう伝える．

> アルベルト・アインシュタインの母親の資産だけでなく，親戚からの多額の資金も失われてしまいました．一家にはほとんどなにも残りませんでした．[ヤーコプはエンジニアとして別の会社に働きに出た．]……しかしアルベルト・アインシュタインの父親は，弟と同じ道を歩み，人の下で働くようなことはできなかったのです．とりわけ，社会的な地位の低さになじめなかっ

たであろう妻を思いやったのでしょう．彼は，年若い
息子の賢明な忠告に耳を貸さず，三つ目の電気会社を
ミラノに設立しました．[41]

そのために必要な資金は，またも親戚が用立ててくれた
——アインシュタインのいとこであり，のちに二番目の妻
となるエルザの父親，ルドルフ・アインシュタインであ
る．この小さな会社も浮沈を経験し，結局，家族に経済的
な安定をもたらさなかった．アインシュタイン一家のこう
した不安定な経済状況のせいで，本来は強健だったヘルマ
ンは体調をくずし，1902 年に心臓病で亡くなった．事業
が解散したとき，義兄ルドルフからの借金はまだ完済して
いなかった[42]．

2.2 アインシュタインの反応

長年，電気テクノロジーの事業に触れて暮らしたこと
は，若き日のアインシュタインにどんな影響を及ぼしただ
ろうか？

父親が弟ヤーコプと事業を始めるために，一家がミュン
ヘンに引っ越したとき，アインシュタインはわずか1歳
だった．事業のために一家がイタリアに移ったときは 15
歳，そして，事業の失敗がもとで父親が亡くなったときに
は 23 歳になっていた．そんな家庭環境は，彼の性格にも
うひとつの両極性をもたらしたのではないだろうか．一
方で，彼は事業の技術的な面に心を引かれ，ときには協力

さえした．しかし他方では，事業の商業的な面に心を閉ざす．商業的な面は，よい暮らしをしたいという一家の希望を何度もうち砕き，しまいには経済的な面で人に頼らざるをえなくさせた．以下では，この二つの面を順に見て行くことにしよう．まずは，技術的な面からだ．

　子ども時代のアインシュタインが，手作りのおもちゃや，動く仕掛けに興味をもったことを示す多くの証拠が今日まで残されている．妹の話によると，10歳になる前の彼が良くやったあそびには，次のようなものがあった．「糸のこを使った工作や，そのころ人気のあったアンカーの工作セットを使って複雑なものを作っていました．とくにみごとだったのは，トランプで作る高層の建物でした」[43]．マヤは，そうした遊びには，「彼の生来の好みがよく表れていた」という．ルイトポルト・ギムナジウムで一緒だった人物は，アインシュタインが電話の仕組みを教えてくれたのを覚えていた．叔父のヤーコプは，電話機の初期のモデルを販売したいと思っていたので（うまくいかなかったが），電話は，当時まだ珍しかったにもかかわらず，アインシュタインの家には一台あったのだ．アインシュタインが電話の仕組みを知っていたのはそのためだろう．

　それより少し後のこと，叔父のヤーコプは，セバスチャン・コルンプロストにこう語っている．「うちの甥っ子がなかなかすごいんだよ．助手のエンジニアとわたしが丸一日頭を痛めていた問題を，15分ほどできれいに解決して

しまったんだ．先が楽しみだよ！」[44] 相対性理論の最初の論文からわかるように，アインシュタインは単極誘導の問題に関する論争のことを知っていた[45]．それは発電機の工学的問題と密接に結びついた問題だった[46]．発電機の設計と製造はアインシュタイン社の主要な業務であり，叔父ヤーコプは発電機の設計で特許をとってさえいる．少年時代のアインシュタインが，この問題をはじめて知ったのも工学の文脈でだったろう．

アインシュタイン公認の伝記を著した義理の息子ルドルフ・カイザーは，次のように書いている．「彼［アルベルト］の父親の事業や，彼自身が数学がよくできたことからして，技術者とエンジニアは，［アルベルトにとって］まず考えるべき職業だった」[47]．しかしカイザーはそれに続けてこう述べる．

> しかしその職業を選ぶことには別の意味もあった．そういう仕事に就けば，世間とかかわりながら，つねに何か達成目標を掲げ，ものごとに優先順位をつけることばかり考える杓子定規な生活をしなければならない．若きアルベルト・アインシュタインにとって，それ以上に恐ろしいことはなかった．彼にはそんな野心はなかった．名声も成功もいらなかった．そうした世俗的なことは，彼には厭わしく思われたのである．

［アインシュタイン社についていえば］事業はまたしてもさんざんな結果に終わりそうだった．少年アイン

シュタインの身辺はふたたび話し合いや心配事にとりまかれ，彼にはそうしたことが，まるで別の世界の出来事のように思われた．彼は，時は金なりといった考え方がイヤでたまらなかった．手に職をつける必要が差し迫ってくればくるほど，ますます嫌気がさすのだった．彼はただ，見て，理解して，経験によって知りたいだけなのに，世間はそんな願いを認めてくれそうになかった．世の中のしくみは，思索に浸りがちな若き夢想家の性格には合わなかった．[48]

　1896年9月，イタリアでの事業が失敗した後，アインシュタインは将来の希望として，数学と物理学を学び，「自然科学のそういう分野の先生になり，とくに理論的な分野をやりたい」と書いた（中等教育修了試験のためのフランス語試験小論文で）．その理由は，「なにより自分の個性が，抽象的な思考と数学に向いていると思うからです．また自分は察しが悪くて世間的なことにうといからでもあります．……それから，科学者にはある程度の自立性があるのも，非常に嬉しいことです」[49]

　家の事業のほうは相変わらずだった．彼は1898年に，妹のマヤへの手紙に，父が他人の会社に雇われるのではなく，また自分で事業を起こす決断をしたことについて，次のように書いている．

　　ぼくの考え通りに行っていれば，パパはもう2年も

前［1896年］に職を得ていたでしょう．そして彼もぼくたちも，こんな最悪の事態にはならなかったでしょう．……もちろん何よりつらいのは，両親が不幸なことです．二人はもう何年も良いことがありませんでした．さらにつらいのは，ぼくはもう大人なのに，ただ傍観しているしかないということです．ぼくは家族のお荷物でしかないのですから．[50]

実は，チューリヒ工科大学在学中，アインシュタインは家から仕送りを受けていなかった．彼は月々の生活費を，裕福な母方の親戚コッホに頼っていたのである．それでもアインシュタインは，父親の事業を助けなければと思っていた．

休暇には重要な問題を考えたり，イタリアでの父の事業のことを学んだりできると思っていました．なにしろ，父が急に病気になったり，困ったことになったりして，ぼく以外に頼れる者がなくなることも，おおいにあり得るのですから．[51]

一時期，事態は好転したように思われた．「お金のトラブルが解決して，父はまるで別人のようになりました．暗雲は消え去り，父の発電所をいっしょに訪れたあと，二人でヴェニスに行くことになるでしょう」[52]．しかし1901年には，問題が再燃した．「かわいそうに，［両親は］お金の

ことで苦労が絶えず,気が休まるときがありません.(お金持ちの)ルドルフ伯父さんは,二人を厳しく責めています[ルドルフはヘルマン・アインシュタインの主要な債権者だった]」[53].アインシュタインの父は,その1年後に世を去った.

アインシュタインは後年,テクノロジーとビジネスに対する自分の態度について,次のように説明した.「わたしははじめ,工学方面の仕事に就くものと期待されていました.しかし,ただでさえあくせくした人生をいっそう面倒にし,つまるところ資本による抑圧に加担するだけにしかならないようなことのために,自分の発明の力を用いるというのは,わたしには耐え難く思われたのです」[54].「発明の力」という言い方に注目しよう.次節で見るように,アインシュタインは"発見"ではなく,テクノロジーの文脈から借りてきた"発明"という言葉を,知的な創造プロセス全般に対して用いることを好んだ.

アインシュタインはスイスの特許局での仕事に慰めを見いだした.それにはいくつもの理由があるが,ひとつには,テクノロジーに対する彼のアンビバレントな気持ちの,プラス面が生かされたからだろう.特許局という職場は,商売として儲かるかどうかには責任を負わずに,興味深い技術的問題を考える機会になったのだ.特許局で働きだしてから1年後に妻に宛てて書いた手紙を見れば,職場の居心地がよさそうなのがわかる.

ハラー［特許局の責任者］との関係は良好です．彼はとてもよい人で，最近特許エージェントがぼくの判定に文句をつけて，ドイツ特許局の判定を持ちだしてきたのですが，彼はぼくのほうが全面的に正しいと言ってくれました．そんなわけで経済的に余裕もできるだろうから，ぼくたちはひもじい思いをせずにすむでしょう．[55]

アインシュタインは，発明への情熱を一生涯持ちつづけた．彼は 1907 年にハビヒト兄弟と共同で"小機械(Maschinchen)"[56] の特許を取ったのを皮切りに，単独，または誰かと共同でいくつもの特許を取ることになる．また重要な特許の申請について，専門家としてたびたび相談を受けてもいた．彼はテクノロジーに心酔したことはただの一度もなかったが，それが社会に及ぼす影響にはつねに関心をもっていた．

> テクノロジーに関心をもつことは，科学が［不毛な形式主義に落ち込むという］退廃に陥らないために大いに役立ちます．……テクノロジーには，知的にも，美しさという点でも豊かな内容があるということを，もっと大衆に知ってもらい，テクノロジーを文化の中にしっかりと取り込まなければなりません．テクノロジーという言葉を聞いて，知的な感性の持ち主は何を思い浮かべるでしょうか？　貪欲さ，搾取，社会的

> 分断，階層間の憎悪，休む間もない労働，といったことではないでしょうか．……純文学に造詣の深い友人は，テクノロジーは今の時代の迷える子どもであり，人生の高尚な喜びなどぶち壊してやると脅していると言ってテクノロジーを嫌悪していますが，それも無理はないでしょう．しかしテクノロジーは，われわれの社会の元気な子どもなのです．その子どもに救いの道を指し示すには，野放しにしておいてはいけません．テクノロジーに影響を及ぼすためには，まずはそれを理解しなければなりません．テクノロジーは人生を気高いものにしうるさまざまな力に，影響を及ぼすことができるのです．[57]

こうしてアインシュタインのテクノロジーへの関心を見てくると，アインシュタインの思考プロセスの中核に，言語よりはむしろ視覚，あるいは筋肉活動の要素があるとわかっても，読者はさほど驚きはしないだろう．

3.「考える」とは何だろうか？

アインシュタインは『自伝的覚え書き』のなかで，「考えるとは，どういうことでしょうか？」と問いかけた．読者は，これに対するアインシュタイン自身の答えをじっくり読んでみるといい．また，ジェラルド・ホールトンがそのテーマで書いた論考も読むことを勧めたい[58]．もち

ろん,『自伝的覚え書き』はアインシュタイン 67 歳のときの著作であり,彼自身,次のようにわれわれに注意を促している.「今日 67 歳の人物は,50 歳,30 歳,あるいは 20 歳のときと同じ人物ではありえません.思い出話というものは,その人物の現在のありように彩られたもの,つまりは色眼鏡を通して見たものだからです」[59].しかしそう述べた上で,彼はこう付け加える.「それでも,他人の知らない自分だけの経験から知りうることも多いのです」[60].以下本節では,できるかぎり慎重を期しながら,アインシュタインのこの回想録や,その他彼自身の手になる文書から,「考える」ことに関係する記述をいくつか選び出し,1905 年以前の証拠と合わせて,次の二つのことを主張したい.

1. アインシュタインにとって考えるということは,自分ひとりですることであり,主に非言語的な性質のものだった.その第一段階のプロセスで得られた成果は,第二段階として,他人に伝えられるようなものに変換する必要があった.
2. 考えるということは,自分ひとりで行うことではあったが,考えた内容を他人に伝えられるようにする必要から,若いころのアインシュタインは(実は生涯を通じて),自分のアイディアの"反響板"になってくれる人物を探し求めた."反響板"とは,友人ミケーレ・ベッソの果たした役割を説明するた

めに，アインシュタイン自身が使った言葉である．筆者は別の機会に，この言葉を次のように説明したことがある．「ベッソには，アインシュタインの説明を理解し，アインシュタインが自分の考えを発展させるために役立つような鋭い質問をすることができたということだ．……しかし，ベッソ自身に創造的な仕事をする能力があったわけではない」[61]

さて，一番目の説を裏づける証拠を挙げよう．アインシュタインが助手のエルンスト・シュトラウスと共同である問題を解決したとき，アインシュタインはそれまで抱いていた確信――シュトラウスの言葉を借りれば，「非常に強い確信」――について次のように語った．

> こんなことははじめてだよ――われわれはいっしょに考えたんだ．二人で考えることができるなんて！ 考えるというのは，ひとりでやることだと思っていたよ．[62]

これはアインシュタインが晩年に近づいてからの言葉である（シュトラウスがアインシュタインの助手を務めたのは，1944年から1948年までの時期だった）．アインシュタインがはじめて共著論文を発表したのは1908年のことだから[63]，ここで彼のいわんとしたことが，「いっしょに論文を書く」ということではありえない．おそらく彼は，

文字通りのことを言ったのだろう．新しいアイディアを生むような種類の思考は，ひとりでやるものだと思っていた，と．このことはバネシュ・ホフマンが，アインシュタインとレオポルト・インフェルトと共同で仕事をした経験について語った，興味深い次の証言によっても裏づけられる．

> 行き詰まると……そんなことが少なくとも3回あったのですが……アインシュタインは，「ちょっと考えてみるよ」と言うのでした．……そして彼は，こんなふうに髪をいじりながら，室内を歩き回ったり，じっと立ち止まったりしました．表情にピリピリしたところはなく，まるで彼は宇宙の別の場所にいて，体だけがわれわれといっしょにいるかのようでした．インフェルトとわたしは押し黙っていました．そんな状態がいつまで続くのか，見当もつきませんでした．アインシュタインはそんなふうに考え続け，しばらくして急に緊張が解けて，地上に戻ってきました．そして彼はわれわれに微笑みかけ，よし，これでいこう，と言うのでした．実際それでうまくいき，こうしてわれわれは大きな難局を切り抜けたのです．[64]

この思考プロセスのなかで，非言語的な段階と言語的な段階とは，それぞれどういったものだったのだろうか？　それに関するアインシュタインの子ども時代の情報は少な

が，ひとつ重要な手がかりがある．アインシュタインが言葉をしゃべりはじめたのは，普通よりもだいぶ遅かった．「両親が心配したというのは事実です．わたしは言葉が遅かったので，両親はどうしたものかと話し合ったようです」[65]．しかしアインシュタインは，3歳までには言葉をしゃべりはじめた．エルンスト・シュトラウスは，彼から聞いた話として次のように書いている．

> 彼は2歳から3歳になるまでのどこかの時点で，しゃべるときは完全な文を言いたいと思うようになった．そこで，誰かに何か質問されて，それに答えなければならなくなると，彼はまず頭のなかでしっかりと文を作り，それを自分に向かってつぶやいてみるのだった．しかしご存知のように，小さい子どもは，声に出さずにつぶやくのがあまり得意ではないので，小さな声で言ってみることになる．そして，これでよし，という段になってはじめて，彼は質問をした人に向かって，その文を言うのだった．そんなわけで，乳母の耳には［アインシュタイン家では乳母を雇う余裕があったことに注意！］，彼はなんでも二度言うように聞こえた——一度目はボソボソと，二度目ははっきりと．それで乳母は彼のことを，バイエルン方言で"おばかさん（der Depperte）"と呼んだ．このあだ名は長いこと彼につきまとい，少なくともアインシュタインの考えでは，彼の発達が遅かったという話はすべて

これに由来する.[66]

妹のマヤによれば,「このおかしな癖は7歳になるまで続いた」という.[67]

しかしその後も,アインシュタインの言語処理のなかで,聴覚は依然大きな役割を演じていた.彼はロバート・シャンクランドに次のように語った.「「わたしは音響的なタイプなのです.つまり,耳から聞いて学び,口から声を出して人に伝えます.本を読むときには,そこに書かれている言葉を,耳で聞いているのです.作文は苦手で,わたしは文章を書いて意思を伝えるのが下手です.」……彼がわたし［シャンクランド］に語ったところでは,『自伝的覚え書き』をドイツ語で書くのさえ辛かったそうだ」[68]

さて,アインシュタインの思考過程について,彼自身が1945年に語ったことに目を向けよう.言葉が遅かったことと,自分を音響的なタイプだと述べていることを踏まえれば,ここで彼のいわんとしていることがかなりわかりやすくなるだろう.

> 思考というものは,たいていは記号（言葉）を用いず,さらにほとんどの場合には,意識すらせずに行われるということは,わたしには疑う余地がありません.……概念というものは本質的に,感覚で捕捉でき,再現可能な記号（言葉）と結びついている必要はないのです.しかし,もしも結びついていれば,考え

た内容を人に伝えることができます.

> 書かれたものであれ,語られたものであれ,言葉ないし言語は,わたしの思考のメカニズムのなかでは,何の役割も果たしていないように思われます.思考の要素である心理的実体は,ある種の記号であって,それらは自発的に浮かび上がったり,互いに結び付いたりする,多少ともはっきりしたイメージです.……わたしにとって思考の要素は視覚的なものであり,ときに身体的なものになることもあります.ふつうの言葉や,それ以外の記号 [彼の場合,おそらく数学的な記号] は,次の段階になってから苦労して探し出さなければなりません.……なんにせよ言葉が思考に入り込んでくる段階では,わたしの場合,それは完全に聴覚的なものです. [69]

実際アインシュタインは,教育には,いっさいの概念的な思考を,言語的なものに変換してしまう傾向があることを憂慮していた.

> 教育には,[概念的な思考と] 感覚的な経験とのつながりを切ってしまうという,教育に特有の危険性がたえずつきまとっています.教育のプロセスはすべて,概念から構成されるひとつの世界を作りあげようとします.しかし,人がなんらかの概念を最初に抱くときには,その概念は現実世界のさまざまな面にしっかり

と結びついているものです．というのは，概念は，現実世界を明確に把握したときにはじめて生じるものだからです．ところが，概念を言葉で規定することにより，誰にでも伝達できるようにする傾向がみられます．なるほど言葉で規定すれば，概念は使いやすくなりますが，しかしその一方で，概念と感覚的経験との結びつきを弱めてしまいます．……言語教育が極度に重視されるギムナジウムでは，この危険性がとくに大きいということを，否定できる人がいるでしょうか？[70]

アインシュタインが後年明らかにした重要な思考実験の多くは，彼の思考プロセスに，視覚的・身体的イメージを用いる第一段階がたしかに存在することを証明している．ここではそうした思考実験のなかから，次の四つを取りあげよう．

1. 光の速度で光線を追いかけてみる．
2. 導体に磁石を近づけてみる．また，磁石に導体を近づけてみる．
3. 重力の作用を受けながら自由落下すると，下から支えられずに浮かんでいるように感じる．
4. 弾性体に及ぼす影響をイメージして，重力波を視覚化する．

1番目と2番目の思考実験は特殊相対性理論を作るときに，3番目と4番目の思考実験は一般相対性理論を作るときに行われたものである．それぞれの思考実験について，アインシュタインの証言を聞いてみよう．

　　[1.] 10年ものあいだ考え続けてようやく，そのような原理［論理的整合性をそなえた普遍的な原理］を見つけました．その原理は，16歳のときに出くわした次のようなパラドックスから導かれたのです．わたしが速度 c（真空中の光の速度）で光線を追いかけたとすれば，その光線は，振動しながら空間内で静止している電磁場として見えるはずです．しかし，経験上からも，マクスウェルの方程式からも，そんなものが存在するとは思えません．そもそも，光の速度で走る観測者にとって，あらゆる出来事は，地球に静止している観測者にとってと同じ法則に従っているように見えるはずだということは，わたしには理の当然に思えたのです．というのは，前者の［光の速度で走る］観測者は，自分が非常に大きな速度で一様運動しているということを知りようがないからです——つまり，自分が一様運動しているということを，証明する方法がないのです．

　すぐにわかるように，このパラドックスにはすでに特殊相対性理論の芽が含まれています．もちろん今日では誰もが知っているように，時間の絶対性と時間の

同時性の公理が無意識のうちに根付いているうちは，このパラドックスを満足の行くかたちで解決しようとするいかなる試みも，失敗に終わります．[71]

[2.] マクスウェルの電気力学は……運動物体に適用されると，現象に固有とは思えない非対称性をもたらす．一例として，磁石と導体との電気力学的な相互作用を考えよう．この場合，観測される現象は導体と磁石との相対運動だけで決まるのに対し，普通の解釈によれば，二つの物体のどちらが運動しているかによってまったく別の現象になる．[72]

[3.] そのとき，わたしの生涯でもっともすばらしい考えが浮かんだ．重力場は，……電磁誘導によって生じる電場と同様，相対的な存在にすぎないということだ．家の屋根から自由落下する観測者にとって，落下しているあいだは，重力は存在しないからである——少なくともその人の近傍には存在しない．実際，もしもその観測者がなにか物体を手放したとすれば，その物体の化学的・物理的な性質によらず，物体は観測者に対して静止しているか，または等速度運動をするだろう．したがって観測者は，自分は静止していると考えてかまわない．[73]

ゲッティンゲンから講義を聞きに来ていたルドルフ・フムは，1917年に，アインシュタインが彼に語ったことを次のように書き留めた．

> [4.] 彼〔アインシュタイン〕はもっとイマジネーション豊かな方法で仕事をしており，ゲッティンゲンでわれわれがやっているような方法ではだめだと思っているようだ——彼はわれわれのような論理で押すタイプの考え方はしたことがないらしい．彼のイマジネーションは現実世界にしっかりと結びついている．彼は，重力波を視覚的にイメージするために，弾性体を利用しているそうだ．彼はその話をしながら，ゴムボールを指で押すような仕草をした．[74]

アインシュタインが自分のアイディアを他人に伝え，それについて議論する必要が生じたのは——彼にとってそれが必要不可欠ではなかったにせよ——思考の第二段階だったのではないだろうか．もちろんわたしは，第二段階と第一段階とをはっきり区別することが可能だとか，第二段階はつねに第一段階の後にやってきた，などと言いたいわけではない．そうではなく，彼はアイディアを発展させる過程で，その二つの段階のあいだを行きつ戻りつしていたのではないかと思うのだ．つまり，ひとりで創造的にアイディアを"発明"することと（"発明"という言葉の用法については，以下で論じる），反響板の力を借りて，発明したアイディアを他人に伝わるようにすることとのあいだには，弁証法的な緊張があったのではないかと思うのである．

アインシュタインは，アイディアを発展させるプロセ

スを特徴づけるために,しばしば"反芻する（grübeln, Grübelei)"という表現を使ったが,それはこの二つの段階の両方を指していたのだと思う.彼は「あなたの天才はどういった性質のものなのでしょうか?」と尋ねられたとき,自分は天才というのとはちょっと違うと言って譲らなかった.自分はただ,興味をもったり,不思議に思ったりしたことを,しぶとく考え続けただけなのだ,と（以下で,"不思議"に思うとはどういうことかについて論じる).彼はエルンスト・シュトラウスにこう語った.「われわれのような仕事には,二つのことが必要です.とことん食い下がる執念と,食いついた問題に莫大な時間と労力を注ぎこんでもなお,捨てるときは捨てるという覚悟です」[75]

アインシュタインは,科学者にとって肝心なのは,もっとも重要な問題を見つけ出すこと,そしていったん見つかったら,それをしぶとく考え続けることだと思っていた.「どんな難しい問題だったとしても,ほかの問題に浮気をしてはだめだよ」[76] 彼は晩年になって,チューリヒ工科大学時代以降を振り返り,〔数学との比較において,物理学について〕次のように述べている.

　　物理学もまたいくつかの領域に分かれており,どの領域も,もっと深く知りたいという渇望が満たされるより先に,短い研究者人生を食い潰してしまうような性質のものでした.また,互いに関係のつかない実験デ

ータが膨大にありました．しかし物理学の場合には，わたしはまもなく，この分野の根幹につながりそうな問題を嗅ぎつけ，それ以外の問題——こまごまとしたことで人の頭を埋め尽くし，重要なことを見えなくさせるたぐいの問題——から選り分けることができるようになったのです．[77]

これこそは，アインシュタインが，次の言葉でいわんとしたことだったのではないだろうか．「科学者としての偉大さというのは，つまるところ，性格の問題だね．肝心なのは，適当なところで手を打つような真似は絶対にしてはいけないということだ」[78]

アインシュタインが反芻した「もっとも重要な問題」のひとつに，光と力学との関係があった．彼はこれを10年間考え続け，ついに今日，特殊相対性理論と呼ばれている理論にたどり着いた．彼は光の性質についても50年間考え続けた．しかし，死ぬ間際まで考え続け，光の量子論については彼自身大きな貢献をしたにもかかわらず，この問題に関しては，自分が与えた答えにも，同世代の人たちが与えた解答にも，ついに満足することができなかった[79]．

さてつぎに，アインシュタインにとって"不思議に思う"ということが，非常に重要だったという話に移ろう．エリック・エリクソンが力説したように，アインシュタインは大人になっても，自分の内面に子どもの部分を残しておくことができた．そこでわれわれは時間をさかのぼ

り，子ども時代のアインシュタインに目を向けてみよう．アインシュタインが語ったもっとも古い"不思議"は，「4歳か5歳ぐらいのとき……父親がみせてくれた方位磁石」[80] だった．

アインシュタインは，どんなものを不思議だと感じたのだろうか？ その答えを知るために，前の引用（49 ページ）で省略した部分を見てみよう．

> 思考というものは，たいていは記号（言葉）を用いず，さらにはほとんどの場合には，意識すらせずに行われるということは，わたしには疑う余地がありません．もしもそうでなかったなら，なぜわれわれは"驚く（不思議に思う）"のでしょうか？ "驚き（不思議に思うこと）"は，何らかの出来事が，頭のなかにすでにある概念的世界と衝突するからこそ生じると思うのです．[81]

その少し後には，次の一文がある．

> 人は幼いころからよく知っているものに対しては，そんなふうには反応しません．物体が落下しても，風が吹いても，雨が降っても，月を見ても，生物と無生物との区別も，不思議には思わないのです．[82]

このように，アインシュタインにとって"不思議"とは，

その現象本来の"不思議さ"ではなく，その現象と，確立された概念の枠組みとの明らかな矛盾から生じるものだった．たとえば，どれほど美しい樹木も，アインシュタインのいう意味では不思議ではない――しかし，その木がしゃべりだしたら不思議だろう．さて，以上のことを踏まえれば，子ども時代のアインシュタインにとって，方位磁石がなぜ"不思議"だったのかがわかる．

> 磁石の針のそういう的確な動きは，わたしの無意識の概念世界に収まるような現象（接触による作用）とはまったく異質なものでした．わたしは今でも覚えていますが――というより，自分はそのことを覚えていると思っているわけですが［67歳の男が，5歳のときのことを覚えているつもりでいる］――この経験はいつまでもわたしの心を去りませんでした．その背後には何かある，深く隠された何かがあるに違いない，と．[83]

さきほど引用した部分の続きを見てみよう．

> こういう矛盾を強烈に経験すると，われわれの概念世界はその反動を受けます．概念世界を作るというプロセスは，ある意味では，"驚き（不思議）"［Wunder. アインシュタインはここでドイツ語の二重の意味を使った言葉遊びをしている］からのたえまない逃走なのです．[84]

1905年の相対性理論の論文で提示されているのは（本書252-253ページ参照），次の仮説，

> 力学の現象だけでなく電気力学の現象にも，絶対静止の概念に相当するような性質はなく，むしろ，力学の方程式が成り立つようなすべての座標系で，同じ電気力学や光学の法則が成り立つことが予想される……これを今後，"相対性原理"と呼ぶことにする

と，もうひとつの仮説，

> 一見すると……矛盾するかに見える第二の基本原理，すなわち，光はつねに真空中を一定の速さ V で伝播し，この速さは光源の運動状態には無関係だという基本原理

との矛盾である．

第一の仮説（相対性の仮説）は，磁石と電導体に関する段落で論じた電磁誘導の現象と，「"光の媒体"に対する地球の相対運動を検出するという試みの失敗」から導かれる．第二の仮説（光速度一定の仮説）を裏づける実験結果はふんだんにあった．たとえば，光行差，アラゴの実験，フィゾーの実験，等々[85]．これら二つのタイプの現象のあいだに矛盾があることは，アインシュタインのいう意味での"不思議"を引き起こす[86]．それは，「われわれの概

念世界に反動を与える」タイプの矛盾であり，その矛盾が「見かけ上のものにすぎない」ことを明らかにし，概念世界を修正しなければならない．

モシュコフスキーによれば，アインシュタインは「相対性という基本概念」について次のように語ったという．

> この基本的な原理が，一次的な概念としてわたしの頭に浮かんだというのは事実とは異なります．もしもそんな感じで生まれたのなら，たしかにそれは"発見"と言ってもいいでしょう．しかし，あなたが思っているほど突然のひらめきではなかったのです．むしろ，わたしは経験上知っているいろいろな規則性（自然法則と合致する現象）に導かれながら，一歩一歩この原理へと近づいていったのです．[87]

アインシュタインが自分の仕事を特徴づけるために，"発見"よりも"発明"という言葉を好んだのはそのためだ．彼はこう語った．「ここで起こっているのは，ものを作り上げる行為としての，発明なのです」[88]

最後に，"反響板"の問題を取りあげよう．アインシュタインは生涯を通じて，快く話を聞いてくれる相手に，自分のアイディアを説明する必要を感じていたのは間違いなさそうだ——その相手は，物理学の専門教育を受けていなくともかまわなかった．エルンスト・シュトラウスは次のように伝えている．

彼は新しいアイディアはなんでも妹に話して聞かせていた．妹は，兄を通してしか物理学には接点がなかったというのに．それでも彼女はきっとすばらしい聞き手だったのだろう．なぜなら彼はしょっちゅう，「妹も同じ考えです」と言っていたからだ．彼が大衆に非常に人気があった理由は，深い概念を，直観的にわかりやすく話す力があったからだと思う．[89]

彼の人生で最初に反響板の役割を演じたのは，叔父のヤーコプだった．彼はアインシュタインに対数を教え，技術的なさまざまの問題を考えさせた（前の節を参照のこと）．また，アインシュタインよりも11歳年長の若い医学生マックス・タルメイはポピュラーサイエンスの本に目を向けさせて，10歳の子どもと，科学上・哲学上の問題について論じあった[90]．チューリヒ工科大学に在学中は，マルセル・グロスマンとミケーレ・ベッソが，誰かに話すことでアイディアを明確にするアインシュタインの思考過程で重要な役割を演じた[91]．そして次の節で見るように，大学時代のアインシュタインは，創造的な仕事と，ミレヴァ・マリチとの関係を両立させようと試み，結局，それに失敗するのである．

4．アインシュタインとミレヴァ・マリチ

第1節の末尾では，「研究と異性関係とのあいだで引き

裂かれる両極性」が，アインシュタインの人生に一役演じたというエリック・エリクソンの言葉を挙げた．今日に残されたアインシュタインの手紙を見ていくと，この両極性——ないし緊張——は，驚くほど早くから存在したということを示す証拠がみつかる．多くの若者と同様，アインシュタインの場合も，親密さを求める気持ちは，恋人がほしいという気持ちと不可分だった．青年アインシュタインは女性にモテたし，少年っぽい自分の魅力を利用するすべも心得ており，ときには浮気っぽいところをみせることさえあった[92]．

彼が本気で好きになった最初の相手は，アーラウの学校（第1節参照）で学ぶときに下宿した，ヨスト・ヴィンテラーとその妻パウリーネの3人の娘のひとり，マリー・ヴィンテラーだった[93]．ヴィンテラー夫妻はアインシュタインの親代わりとなり，彼はこの二人を"ママ""パパ"と呼んで，長きにわたる親しい関係を結んだ（実母も，母親がわりとなったヴィンテラー夫人も，ともにパウリーネという名前だったことに注意）．マリーと恋に落ちたとき，アインシュタインは17歳だった．マリーは彼よりも2歳ばかり年上で——これはアインシュタインの恋愛関係でたびたび繰り返されるパターンだ——地元の教員養成中等学校で学んでいた．卒業後，マリーは地元の小学校の教師になった．

二人の関係の深さは，アインシュタインが彼女に当てた手紙のひとつにみられる，次の部分からも推し量れよう．

これは，休暇中にイタリアの両親の元から出した手紙である．

> ぼくの小さな天使よ．里心とか望郷の念とかいうのは，こういうことだったのかと，今さらながら思い知っています．それでもぼくは愛のおかげで，寂しさよりもずっと大きな喜びを得ています．ぼくの小さな太陽なしには，ぼくは生きていかれないことがわかりました．……ぼくの魂にとってあれほど大切だった宇宙全体よりも，今はあなたのほうが大切に思われます．[94]

彼女もこれと同じぐらい熱烈な言葉で応じ，二人の仲は双方の親たちも認めていた[95]．アーラウの州立学校を卒業したアインシュタインは，チューリヒ工科大学に入学するためにチューリヒに引っ越した．マリーはあいかわらず熱烈な手紙を送り続けたが[96]，アインシュタインにとって地理的な距離はそのまま心の距離となった．先に引用した手紙から1年後，アインシュタインは"ママ"ヴィンテラーに宛てて，復活祭の休暇をヴィンテラー一家とともに過ごさないかという誘いに対し，次のような断りの手紙を書いた．

> ぼくのせいで愛しい彼女をひどく傷つけておきながら，今さら二日ばかり楽しもうというのは，虫が良す

> ぎると思うのです．ぼくに思いやりが足りず，ほったらかしにしたせいで，優しい彼女の心に与えてしまった傷の一端を，今はぼくが受けなければならないのだと思えば，不思議と納得がいきます．苦しい勉強を続け，神の与えた自然について深く考えることが，どんな人生の波瀾をも超えて，ぼくを導いてくれる天使なのです——それは，甘んじて受け入れるしかない天使，ぼくに強さを与えつつも，冷酷なほどの力を振るう天使です．……人が自分のために作り上げる小さな世界が，これほど素晴らしく貴いものだというのは，不思議な気持ちがします——たとえその世界が，自分のために掘った穴のなかにいるモグラのそれのように，永遠に変わり続ける壮大な実在にくらべれば，哀れなほどつまらないものだとしても．[97]

この手紙と，それから 20 年余りを経て彼が書いた次の文章とくらべてみよう．

> 芸術や科学に人を立ち向かわせる動機のなかで，もっとも大きなもののひとつは，辛いほどに退屈で味気ない日々の暮らしや，変転する目先の欲望という足かせから逃れたいという思いです．……人はみな，自分にとっていちばんしっくりくるような，単純化された理解可能な世界像を作り上げ，それを現実の世界の代用品とすることによって，経験世界をどうにか支配しよ

> うとします……人は，自分の経験という，ひどく狭い混乱した領域にはけっして見いだすことのできない安らぎと確かさを求めて，自ら作り上げた単純で理解可能な世界へと，精神生活の重心を移すのです．[98]

表現こそ洗練されてはいるものの，彼の基本的な考え方は1897年から変わっていないのがわかるだろう．

　アインシュタインとマリー・ヴィンテラーとの関係は，思春期の恋愛としてはなんら特別なことではないのに対し，マリーとの恋愛のエピソードには，彼の精神生活にたびたび繰り返される——とくに二人の妻との関係にみられる——いくつかのモチーフがすでに表れている．ひとつは，女性と親密になることへのあこがれ．二つ目は，その目標を達成してしまうと，早晩，相手から気持ちが離れがちなこと（ヴィンテラーとの関係では早く，二度の結婚の場合には遅かった）．そして三つ目は，"単に個人的なもの"から逃げ出して，"個人的なものを超えた"世界の創造へと精神生活の重心を移そうとすることである．彼はしだいに，避難先を効果的につくれるようになった．

　もちろん，これら三つのモチーフのどれをとっても，アインシュタインがそれほど特別というわけではない．今このときも，世の中では何百万という人たちが，同じような精神の軌跡をたどっていることだろう．彼が偉大なのは，個人的な「小さな世界」ないし「単純化された世界像」のなかで成し遂げたことが偉大だったからであり，そこで

構想したことの多くを,「永遠に変わり続ける壮大な実在」ないし「経験世界」にあてはめることができたからなのだ.

結局, マリー・ヴィンテラーとはすべてを分かち合う間柄にはならなかったし, 物理学の共同研究はそもそもできるはずもなかった. 二人が性的な関係にあったようにも見えないし（彼女は後年,「わたしたちは深く愛し合っていましたが, それは完全にプラトニックなものでした」と書いている), ヴィンテラーは初等学校の教師ではあったが, 物理学を学びたいという気持ちも, その適性もなかったようだ. しかしまもなくアインシュタインは, ミレヴァ・マリチと自分を一時結びつけた二つのきずな——物理学をいっしょに勉強することと性愛——を通して, 研究と異性関係という両極の統一を試みた. マリチはアインシュタインより三つ年上で, チューリヒ工科大学の数学・物理学教員養成課程 VIA に入学した少人数の学生仲間のひとりだった.

筆者は別の機会に, 異性関係と物理学を共に研究する関係とを維持しようというこの試みが, 結局は辛い結果に終わったいきさつについて述べたことがある[99]. ここでは 1905 年までの時期だけにかぎって, その経緯を見るにとどめよう. この時期の二人の関係を扱うことには特別な意味がある. というのは, 近年 PBS〔日本の NHK 教育に相当するアメリカの公共放送〕で放映され, 現在は DVD やウェブサイトでも見ることのできる番組のなかで[100],

「マリックは，ブラウン運動，特殊相対性理論，光電効果という三つの有名な仕事で，[アインシュタインと]共同研究をした優れた数学者である」という主張がなされたからだ[101]．もしそれが本当なら，筆者は名誉にかけて，本書のタイトルにマリチの名前も併記しただろうし，その共同研究で彼女が果たした役割を説明しただろう．本節の最後につけた付録では，その主張には信頼に足る証拠がないことを明らかにしたつもりである．

　先述のように，アインシュタインの両親はマリー・ヴィンテラーとの交際は認めていたが，マリチに対してはどんどん険悪になっていった．どうやらアインシュタインはマリチとの関係を，両親から——とくに彼の人生に支配的な役割を演じようとした母親から——逃げ出すために利用したフシがある．しかし，ともかくも最初，二人は心の底から愛し合っていた．アインシュタインがはじめのころマリチに宛てた手紙には，仲の良い恋人たちには良くあるように，彼女とやって行くために自我の境界を押し広げようとしている例がたくさんある．そんな例を二つ挙げておこう．

　　きみを見つけたぼくは，なんと幸運なのだろう！　きみは，ぼくと対等[ebenbürtig]で，ぼくと同じくらいに強く，自立心のある一個の人間です．きみがいなくては，ぼくは誰といっしょにいても孤独です．

> きみはいつだって，ぼくの魔女，ぼくの浮浪児でいて
> くれなきゃダメだよ……．きみ以外の人はみな，まる
> でぼくとのあいだに見えない壁でもあるように，よそ
> よそしく感じられます．[102]

さらにアインシュタインは，勉強もマリチといっしょでなければつまらないと思うようになった．「きみなしには勉強の楽しみも半減です」[103]

　アインシュタインからマリチへの手紙を読むと，たしかに彼は二人の関係を家族と距離をとるために利用したことがわかるが[104]，1902 年に死の床にあった父親から許しを得るまでは，結婚はできないと思っていたのも事実だ——その年の初めにはマリチが，「リーセル」と手紙に名前のある娘を出産していたにもかかわらずである．その娘，リーセルの消息は今もわからないが，娘がいたという事実が過剰な臆測を呼ぶことになった．あるアインシュタイン研究家は，マリチとアインシュタインははじめ避妊をしていたが，あるときマリチは私生児を生もうと決心して，避妊するのをやめたと主張したのだ．その人物はアインシュタインとマリチとのあいだで交わされた手紙を読んだことがあるのだろうか？　妊娠中のマリチは悲観的になり，アインシュタインはそんな彼女を励ますために，自分の愛情には何のゆらぎもないとたびたび書いている．また彼は，長い目で見ればきっと万事うまく行き，彼が仕事を見つければ結婚もできるし，先に結婚した彼女の女友だち

の誰よりも，きみのほうがずっとすばらしい女性だと何度も書き，彼女をいたわっていたのである[105].

　当初アインシュタインは，マリチを自分の創造活動にも巻き込もうとした．アインシュタインが彼女に宛てた手紙には，新しい理論のことや，思いついた実験のことなど，物理学上のさまざまなアイディアがふんだんに書かれている．筆者は別の機会にそれらの手紙について詳述したので[106]，ここではただ，"運動物体の電気力学"という衝撃的なアイディアを説明したアインシュタインの手紙への返信にさえ，マリチはそれについてひとことも触れておらず，彼が書いた物理学の話題には一度もコメントしたことがないとだけ述べておこう．

　しかし彼女が，彼の話に注意深く耳を傾けたのは間違いない．チューリヒ工科大学時代のアインシュタインの友人であるマルガレーテ・フォン・ユクスキュル（第1節参照）は，マリチのこともよく知っており（二人は一時期，同じ家に寄宿していたことがある），非常に興味深い発言を残している．

　　彼女［ユクスキュル］は，当初を回想して次のように
　　語った．［アインシュタインは］難しい問題をわかりや
　　すく説明する能力があり，二人が研究室から歩いて帰
　　るときには，自分のアイディアをとうとうと話してい
　　たという．「ミレヴァは，彼の理論の正しさを信じた
　　最初の人物だったのではないでしょうか．あるときわ

たしが，アインシュタインの理論は突拍子もないわよね，と言いました．すると彼女は自信たっぷりに，こう答えたのです．「でも彼は，自分の理論を証明することができるのよ」．わたしは内心，これは本気で惚れているなと思いました」[107]

アインシュタインははじめは本心からマリチと共同研究をしたかったのではないだろうか．しかし彼女は彼の期待には沿わなかった．なるほど彼女は"反響板"の役割を果たしはしたが，当時はミケーレ・ベッソもその役割を果たしていたし，アインシュタインの生涯には，そういう人物はほかにも大勢いた（第3節参照）．たしかにマリチは喜んで彼の話を聞いたし，実際，かなり身を入れて聞いてくれた．それはアインシュタインが非言語的な考えを，他人に伝えられる言語的なものにする思考の第二段階で大きな意味をもつ役割だった（第3節参照）．また彼女は，アインシュタインがまだ学者の世界と接点のなかったこの時期に，彼のアイディアを熱烈に支持し，擁護してくれた．マリチはアインシュタインの話を口述筆記をしたことがあるし，データの調査や，計算のチェックを手伝ったこともあるかもしれない．しかし，マリチが自分のアイディアを出して，アインシュタインの創造プロセスに貢献したという証拠はひとつもなく，ましてや二人でひとつのアイディアを作り出したという証拠もないのである．（アインシュタインは晩年近くになってはじめてそういう経験をして，非

常に驚いたというエピソードを思い出そう．第3節の初めのほうを参照のこと．)

もしも彼女がもっと才能に恵まれ，もっと毅然とした女性だったなら——たとえばマリー・キュリーやタチアナ・エーレンフェストのような女性だったなら——若きアインシュタインの創造活動のなかで，共同作業と言えるような仕事ができたのだろうか？　それとも，いずれにせよ彼の才能は，自分ひとりで考えることを余儀なくさせるようなものだったのだろうか？　この点についてたしかなことは言えないが，その二つの可能性のどちらか一方に自分の財布から金を賭けるとしたら，筆者は後者に賭けるだろう．ミレヴァ・マリチが，そのような役割を一度でも果たしたという証拠はないと筆者は確信している——その逆を支持する証拠を慎重に検討した上で，そう確信するのである（付録を参照）．

別の機会に詳しく論じたように，アインシュタインはマリチへの手紙のなかで，「ぼくたちの仕事」と何度も言っているが，それはごく一般的なことをいう場合だ．具体的な内容になると，彼は決まって一人称単数を使う（「ぼくは」，「ぼくの」等々）．こうした一般的な命題を評価する際には，二つの要素を考慮しなくてはならない．付き合いはじめたばかりの熱々の時期には，アインシュタインはマリチを自分の世界に巻き込もうとして，ときに「ぼくの」と「ぼくたちの」との区別をあえてつけないこともあった[108]．そして，未婚のままマリチが妊娠し，別れて暮ら

していた時期には，マリチは自分の絶望を訴えた．彼はそんなマリチを慰め，いずれいっしょに研究をしようと，未来のヴィジョンを描いてみせたのだ[109]．そんな例をひとつ挙げておこう．

> きみがぼくのかわいい妻になったら，いっしょに科学研究をがんばろうね．ぼくたちはペリシテ人〔教養のない俗人〕にはならないんだよ．いいね？[110]

しかし結局，二人はいっしょに研究する関係にはならなかった．結婚してからは，彼女が学生時代に果たしていた役割すらもなくなった．アインシュタインとミレヴァの息子であるハンス・アルベルト・アインシュタインは，「あなたのお母さんは，お父さんの名声が高まっていくとき，それにどう向き合ったのでしょうか？」と尋ねられたとき，次のように答えた．

> まあ，母は父を誇りに思ってはいましたね．複雑だと思いますよ．なにしろ母ははじめ，父といっしょに勉強し，自身も科学者だったのですから．ところがどうしたわけか，結婚してからの母は，その方面の望みをほとんどすべて捨ててしまったのです．[111]

筆者は「アインシュタインとマリチ」と題した論文のなかで，彼女が若き日の望みをなくした理由について論じ

た．これについては，たしかにアインシュタインにも責任がないとは言えない．彼女の才能が彼ほどのものではなかったにしろ，もう少し知的な仕事にかかわらせることもできただろう．しかし現実には，ベルンに落ち着いたアインシュタインは，別の反響板たちからなる「楽しいサークル」を作った．親しい友人モーリス・ソロヴィーヌとコンラート・ハビヒトの二人で，これにアルベルトが加わって，「オリンピア・アカデミー」となった．三人は自分たちが入れなかった科学アカデミーをまねて，このサークルを作ったのだ．まもなくチューリヒの大学時代からの友人ミケーレ・ベッソがこれに加わった．アインシュタインが力を貸して，ベッソは特許局に就職したのである．さらにあと数名ほどが，このサークルに参加することになる[112]．

1905年以前に，マリチはこの「楽しいサークル」から除外されたわけではなかったにせよ，中心的なメンバーでなかったのはたしかだ．アインシュタインとマリチとの関係は，アインシュタインがかつてあれほどまでに忌避していた「ペリシテ人」的なもの，つまり平凡でつまらないものになっていった．ベルンで家庭をもってから，アインシュタインは友人のベッソにこう書いた．

> さてさて，ぼくはとうとう名誉ある既婚男性となり，妻とともに快適な生活を送っているというわけです．彼女はとても良く家のことをやってくれるし，料理も

うまいし，いつもほがらかです．[113]

マリチは友人のヘレネ・サヴィチに宛てて次のように書いた．

> できることならわたしの大切な宝物にぴったりと寄り添っていたい——チューリヒ時代よりもっとぴったりと．わたしには彼だけが頼みの綱で，彼以外には友だちとていません．彼がそばにいるときが，いちばん幸せなのです．[114]

マリチはこの手紙で，サヴィチが夫と暮らすベオグラードで，アルベルトと自分が教職に就ける見込みはないだろうかと相談している．知られているかぎり，マリチが物理学に関係する仕事に就く可能性を持ち出したのは，これが最後である．

1905 年までには，二人の関係はある種の平衡状態に達していた．その状態が崩れるのは，1909 年，アインシュタインがチューリヒ大学で最初のアカデミックな専任の職に就くために特許局をやめ，広い世界に飛び立ったときのことだった．科学者としての名声が高まるにつれ，彼女への気持ちが冷めて行くのが露骨にわかるようになっていった．マリチは何が起こっているのかをよく理解していた．

> いまや彼はドイツ語圏でも屈指の物理学者で，たいへ

んなもてはやされようです．彼がこれほどの成功を収めたことは，わたしとしても嬉しく思います．あとはただ，名声が彼の人柄に良からぬ影響を及ぼさないようにと，ひたすら願うのみです．[115]

付　　録

　さていよいよ，前節のはじめで取り上げた，「マリックは，ブラウン運動，特殊相対性理論，光電効果という三つの有名な仕事で，[アインシュタインと] 共同研究をした優れた数学者である」という主張を吟味しなければならない．信じてほしいが，筆者は何も好きこのんでこんなことをするわけではない．19世紀デンマークの外交官がいみじくも言ったように，「なかったという報道が，あったという嘘の報道がもつ魅力や衝撃力をもったためしはない」ことを，筆者は嫌というほど承知している．しかし，もしもマリチに関するこの主張を裏づける，信頼に足る証拠がひとつでもあるのなら，本書のタイトルにアインシュタインの名前だけが掲げられることはなかったろう．

　上の主張のうち，まず，「マリックは優れた数学者だった」という部分は，彼女がチューリヒ工科大学の最終試験を2度受け，2度とも点数が足りずに不合格になったという事実と相容れない．しかしながら，もしも彼女が「ブラウン運動，特殊相対性理論，光電効果という三つの有名な仕事でアインシュタインと共同研究をした」というたしか

な証拠がひとつでもあるのなら,試験に落ちたことなどはどうでもよくなるだろう.共同研究をしたという主張を裏づける唯一の証拠が,PBS のウェブサイトに掲げられている,次の一文である.

> しかし,少なくともひとつ公表された記事がある.その記事のなかでヨッフェ[尊敬されるソビエト科学アカデミーのメンバー,アブラム・ヨッフェ]が,1905 年の論文に二人の著者の名前が書いてあるのを,その目で見たと証言しているのである——その二つの名前は,Einstein と Marity（Marić のハンガリー語式表記）だった.[116]

では,この主張にはどんな証拠があるのだろうか？ PBS のウェブサイト上の当該のページには,ロシア語の文書の一部を写した画像が掲載されていて,次の説明が添えられている.「1905 年の論文群の共著者として,Einstein-Marity（Marić）を挙げている古いロシアの学術誌」.ウェブサイトにはこの画像が載っているだけで,それ以上の情報が与えられているわけではない.

実をいえばその画像は,ヨッフェの記事を写したものでもなければ,「ロシアの学術誌」に掲載されたものでもないし,そこに書かれているロシア語は,アインシュタインとマリチが「1905 年の論文の共著者である」という内容でもない.ヨッフェの「公表された記事」とは,

1955 年にソビエトの学術誌 Успехи математических наук（『物理科学の進展』）に掲載された記事のことなのだが[117]，その記事にもやはり，アインシュタインとマリチが，「1905 年の論文群の共著者」だと書いてあるわけではない．

実はその画像は，1962 年にモスクワのモロダヤ・グヴァルジーという出版社から刊行された，ダニール・セミョーノヴィチ・ダーニンという著者の『奇妙な世界の必然性』という一般向け科学書の 57 ページからとられたものである．画像に写っている文は次の通り．

> 教師では食っていけず，まずまずの収入を得るためにスイス特許局の 3 級技術専門職員になった，当時はまだまったく無名の理論家は，1905 年，名高い『アナーレン・デア・フィジーク』のひとつの号に，"Einstein-Marity"（すなわち Marić——最初の妻の姓）と署名された 3 篇の論文を発表した．

クリストファー・ヨン・ビエルクネスの著作には，ダーニンの文章を英訳したものが載っている[118]．その著作の 196 ページにはロシア語の原文も掲載されている．そのロシア語原文と，PBS のウェブサイトに掲載されている画像（PBS の番組で用いられたものと同じ）を見比べてみれば，ウェブサイトの「古いロシアの学術誌」とされている資料は，たしかにダーニンの文章であることがわかる．

さて，論文に"Einstein-Marity"と"Einstein-Marić"という二つの署名があった，ということはおそらくあるまい．とすると，どちらの署名が書いてあったのだろうか？どうやらダーニン自身は，三つの論文にどんな署名があったかを知らなかったようだ．彼はどこかで得た情報に，尾ヒレをつけたのである——実は，このすぐあとで見るように，その情報源こそヨッフェの記事だった．筆者が知るかぎり，ダーニンの上の文がはじめて引用されたのは，マルガレーテ・マウラーによる，アインシュタインとマリチに関する論文のなかでだった[119]．ビエクネスもマウラーもアルベルト・アインシュタインに好意的な人物だとは言えないが（むしろその逆だと言える），そのマウラーが，次のように述べているのだ．「ダーニンの著作から引用されたページは，今もなお歴史的"証明"とはなっていない」．そして彼女は，おそらくこの話は，当時まだ彼女は見ていない，ヨッフェの回想録に由来するのではないかと述べている．

実は，ヨッフェの文章のそのくだりを見れば，ダーニンの記述はたしかにヨッフェに由来することがわかる．その部分は，次のようになっている．

> 物理学にとって，とくにわたしの世代の——つまりアインシュタインの同時代人の——物理学にとって，科学の舞台へのアインシュタインの登場は，忘れることのできない出来事である．1905 年，『アナーレン・デ

ア・フィジーク』に三つの論文が掲載され，そこから20世紀物理学における三つの重要な分野——すなわちブラウン運動の理論，光の光子論，相対性理論——が生まれたのだ．その三つの論文の著者は，当時はまだ無名の人物で，ベルンの特許局に勤める Einstein-Marity だった（Marity は妻の旧姓で，スイスではそれを夫の姓に付け加える習慣がある）．

この部分の英訳もまた，ビエルクネスの著作に含まれている（195-196 ページ，ただし三つの論文のタイトル表記はロシア語と少し異なる）．ロシア語の原文も，同書の 196 ページに掲載されている．ダーニンがヨッフェの文章に付け加えたのは，アインシュタインが特許局の「3 級技術専門職員」だったという良く知られた事実と，"Einstein-Marity" の後に付記された，「Marić——最初の妻の姓」の部分だけであることがわかる——この事情については以下に論じる．

　なぜ PBS の番組制作者とウェブサイトの著作者たちは，ヨッフェではなくダーニンの文章を掲載することにしたのだろうか？　これについては想像するしかないが，注目すべきは，ダーニンは，論文の著者が二人だとは言ってないものの，論文に「署名されている」と言っているのに対し，ヨッフェはそうは言っていないということだ．ヨッフェの書いた記事のうち，1905 年の論文の著者に関する記述は，上に引用した部分がすべてである．要するに

ヨッフェは，三つの論文の著者は，スイスの特許局に勤める "Einstein-Marity" という名前の人物だと言っているのである．（Marić という表記は，ヨッフェの記事にはないことに再度注意しておこう．）

ヨッフェについて，PBS の番組とウェブサイトに与えられているこれ以外の情報は，デサンカ・トルブホヴィチ゠ギュリチによるマリチの伝記の記述にもとづいている．その部分は次の通り．

> 著名なロシアの物理学者であるアブラハム・F.ヨッフェ（1880-1960）は，『アルベルト・アインシュタインの思い出』という著作のなかで，1905 年の『アナーレン・デア・フィジーク』の第 17 巻に現れた，アインシュタインの三つの画期的論文には，はじめは "Einstein-Marić" と署名されていたと指摘した．[120]

これはヨッフェの記述とは違うことに注意しよう．ヨッフェは，「その三つの論文の著者は……Einstein-Marity だった」と述べたのだが，彼は論文の署名には何も触れておらず，それを見たなどとはどこにも書いていない．ともあれ，トルブホヴィチ゠ギュリチの記述の続きを見てみよう．

> レントゲンの助手だったヨッフェはそれらの投稿原稿を見た．レントゲンは『アナーレン』の編集委員会に所属しており，投稿された論文を調べるのがその仕事

だった．レントゲンは自分の優秀な学生にその論文を見せ，かくしてヨッフェは三つの論文原稿を直に見ることになったのである．それらの原稿は今日では，もはや手に入らない．[121]

トルブホヴィチ゠ギュリチは，(1) レントゲンは投稿論文の原稿を持っていた，そして (2) 彼はその原稿をヨッフェに見せた，という二つの主張をしているが，そのどちらについても，証拠となる文献も，その他の根拠も示していない．また彼女は，後年，アインシュタイン論文集の編者のひとりであるロベルト・シュルマンのインタビューを受けたが，そのときも，ある資料のマイクロフィルムがあるとしか言わなかった．のちに彼女の息子は，そのマイクロフィルムはダーニンの「記事」だと語った（先述のマウラーの議論を参照）．ここで注意すべきは，トルブホヴィチ゠ギュリチの第一の主張 (1) が崩れれば，第二の主張 (2) は自動的に崩れるということだ．そこで第一の主張の真偽はひとまず棚に上げて，はじめに第二の主張から検討しよう．

第二の主張が正しければ，つまり，レントゲンがアインシュタインの論文原稿をヨッフェに見せたという，きわめて興味深い異例の出来事が本当に起こったのなら，1905年から1960年に世を去るまでの55年間に，ヨッフェがそのことをただの一度も語らなかったというのは解せない．彼はなぜ1955年の記事にその出来事について書かな

かったのだろう？　そしてまた，アインシュタインのために一章を割いた自らの回想録[122]でも，そのことを書かなかったのはなぜだろうか？　ヨッフェは，アインシュタインの投稿論文の原稿を見たとは，印刷された資料のどこにも主張していない——そしてヨッフェの死後も，それについて何か書いた者はひとりもいない．"Einstein-Marity" という名前が，50 年を経てなおも正しく記憶しているほど彼の心に鮮明に残っていたのだとすれば，ヨッフェはなぜ，アインシュタインに関する回想録を二つも発表していながら，ただの一度もそれについて書かなかったのだろうか？　ヨッフェが，アインシュタインの投稿論文の原稿を見たと一度も書かなかったのはなぜかを説明するいちばん簡単な方法は，ヨッフェはそれを見ていないと考えることだ．

　もちろん，第一の主張が正しくなければ，第二の主張は出てくるはずもない．もしもレントゲンが，投稿された時点で三つの論文を詳しく検討していたのなら，なぜ彼はようやく 1906 年の 9 月になってからアインシュタインに手紙を書き，このテーマの論文を集めているので，別刷りを一部送ってくれるよう頼んだりしたのだろうか？　さらにレントゲンは，自分はブラウン運動にはだいぶ前から関心をもっているので，アインシュタインがこのテーマで行った仕事のことも良く知っているから，ブラウン運動のほうは別刷りは送ってくれなくてもよいと付け加えている．つまりレントゲンは，1906 年の 9 月の段階では，アイン

シュタインの電気力学に関する仕事のことを良くは知らなかったのだ．この事実は，トルブホヴィチ＝ギュリチの第一の主張に疑問を投げかける．また，1905 年の時点で『アナーレン』の編集人を務めていたパウル・ドルーデは，電磁理論と光学の分野では二つの著作があり，論文も数え切れないほど書いているというのに，なぜわざわざミュンヘン在住の実験家であるレントゲンに連絡を取って，アインシュタインの純理論的な論文を検討してくれるよう頼んだりしたのだろうか？　ドルーデがアインシュタインの電気力学の論文を良く知っており，高く評価していたということは，彼が 1906 年に亡くなるまでのあいだに，アインシュタインの相対性理論の論文に関する解説記事を 2 度も書いていることから明らかだ．

　ドルーデが，『アナーレン』に投稿された理論物理学分野の論文について助言を求めていたのが，マックス・プランクである．アインシュタインの妹も証言しているように，プランクは，1905 年の相対性理論の仕事について，手紙で反応を示してくれた最初の物理学者だった[123]．実は，ドイツの理論物理学の発展を扱った優れた著作があり，1905 年前後の時期の『アナーレン・デア・フィジーク』の編集作業の様子がわかる．クリスタ・ユングニッケルとラッセル・マコーマックによる労作から，2 カ所引用しておこう．

　　それと同じころ [1894 年]，彼 [プランク] は，ヘル

ムホルツに変わって,『アナーレン・デア・フィジーク』の理論物理学部門の顧問として,全ドイツの理論物理学を背負って立つ立場になった. ……1900 年にはドルーデが『アナーレン・デア・フィジーク』の編集人になり,プランクは引き続き顧問を務めることになった. プランクは,彼自身が期待していたほどには相談を受けたわけではなかったが,ドルーデとの仕事上の関係は良好だった.

　『アナーレン・デア・フィジーク』の理論物理学部門の顧問だったプランクは,1905 年の時点でアインシュタインの仕事のことはよく知っていた. アインシュタインはそれまでの 5 年間にもしばしばこの雑誌に論文を投稿しており,そのなかでも重要なのは熱力学と統計物理学を扱った仕事だった. 熱力学と統計力学は,プランクがその当時とくに興味をもっていたテーマである. そしてアインシュタインは 1905 年に,それまでの仕事を拡張して,プランクが関心をもっていた黒体放射の問題を扱った. また,アインシュタインが同年に行った相対性理論の仕事に刺激されて,プランクはその分野の研究に乗り出した. マックス・ボルンによれば,「ほかの何よりもプランクの想像力を捉えたのは」,相対性理論だった.[124]

これらの事情を踏まえれば,トルブホヴィチ゠ギュリチの二つの主張を擁護するためには,次の疑問に答えな

ければならないだろう．ヨッフェはなぜ，マリチがときたま用いていた"Marity"という名前の表記を知っていたのだろうか？　たとえば，エヴァン・ウォーカー・ハリス（PBSの番組で，インタビューを受けた人物のひとり）は，次のように述べている．「ヨッフェがそれを知っていたのは，彼女が署名をしたオリジナルの論文の原稿を見たからとしか考えられません．なぜなら，"Marity"という使い方は，アインシュタインのどの伝記にも出てこないようだからです」[125]．しかし，どの伝記にも出てこない，というのは正しくない．カール・ゼーリヒの有名なアインシュタイン伝では——ヨッフェの記事が出る前年に出版された本だ——マリチの名前を，"Mileva Maricまたは Marity"[126] としているからだ．

　しかし，"Marity"という名前の表記が，アインシュタインの他の伝記に出て来ようと来なかろうと，それ以外の公表された資料に書いてあり，ヨッフェがそれを見たという可能性もある．なんといっても，結婚証明書には"Marity"と書かれているのだから．それを，アインシュタインに関する記事を書いた誰かが使ったのかもしれない．ロシア語を含めて，何カ国語もの言葉で書かれているアインシュタインに関する文献を調べあげないうちは，ヨッフェがこの表記を何で知ったのかという問題にきちんと答えることはできないだろう．しかし筆者の推測を述べさせてもらえば，ヨッフェは彼女の名前のこの表記を，アインシュタインの死後まもなく公表されたなんら

かの資料で見たのだろう．というのは，もしも 50 年も前にたった一度見たきりだったとしたら，1955 年にその表記を正しく再現できたとは思えないからだ．ひとつ，非常に心惹かれる可能性がある．それは，ヨッフェがアインシュタイン夫人自身の口からそれを聞いたというものだ．ヨッフェは回想録のなかで一章を割いてアインシュタインについて語っている[127]．そこには 1905 年の論文に "Einstein-Marity" と署名されていたのを見た，という話は出てこないが，1905 年にアインシュタインの妻と会ったという話が出てくるのである．

> こうした疑問のすべてについて，ぜひともアインシュタインと話をしたいと思っていたので，友人のヴァーグナーとチューリヒに彼を訪ねた．彼は留守だったため彼とは話ができなかった．しかし夫人が言うには，彼自身が言う通り，彼は一介の特許局職員にすぎず，科学を本格的に考えることなどできないし，ましてや実験などできるはずもないということだった．[128]

これはいろいろな意味で興味深い話である．まず，特許局に勤めていたとき，アインシュタインとマリチが住んでいたのはベルンであって，チューリヒではない．それに，もしもマリチがこの通りの言い方でアインシュタインの言葉を伝えたのであれば，彼女はどうも皮肉っぽい気持ちだったようにみえる．もちろん，50 年ほども前の出来事だか

ら，ヨッフェの記憶があちこちあやふやになっている可能性もないわけではない．しかし，この話に多少とも真実のカケラが含まれているなら（そもそもヨッフェの話に真実のカケラが多少とも含まれていることを否定するなら，われわれは"Einstein-Marity"についての第一の主張を捨てることにもなるのだが），この訪問のとき，ヨッフェはアインシュタイン夫人自身の口から，"Marity"のことを聞いたのかもしれない——あるいは，アパートの表札にそう書いてあった可能性もある．そして後年，夫婦の名前に関するスイスの慣習について，不確かな情報を付け加えたのではないだろうか．

もう少しありそうな可能性として，ヨッフェは"Marity"という名前を，パウル・エーレンフェストから聞いたのかもしれない．ヨッフェはエーレンフェストと何十年も親しく付き合っていたし，1907年からエーレンフェストの予期せぬ死を遂げるときまで文通を続けていたことが，刊行された書簡集からわかっている[129]．エーレンフェストは，1911年，ないし1912年ごろから，アインシュタインとマリチの両者と付き合いがあったし，ヨッフェが後年，あやふやなかたちで記憶していたマリチの名前に関する情報を，エーレンフェストが与えたということは，大いにあり得る話ではある．

しかし，（これまで積み重ねてきた議論をご破算にして），トルブホヴィチ=ギュリチの主張は二つとも正しいと仮定してみよう．その場合（つまり三つの論文に

は"Einstein-Marity"という，ひとつの署名があった場合），なぜ著者が二人いたという話になるのだろうか？三つの論文には一人称単数がたくさん出てくる．それぞれの論文から1カ所ずつ引用しよう（一人称単数を強調しておく）．

　この論文では，以下に示すアプローチを探究に役立ててくれる研究者がいることを期待して，わたしをこの道に導いた推論と事実とを提示するものである．（本書 321-322 ページ）
　ここで論じる運動は，いわゆる"ブラウン運動"と同じものかもしれない．しかし，後者についてわたしが知りえたデータは精度が低く，その問題に対してわたしは判断を下すことはできなかった．（本書 206 ページ）
　最後に，ここで論じた問題に取り組むにあたっては，わたしの友人であり協力者であるベッソ氏の誠実な支えと貴重な助言があった．ここに記して感謝する．（本書 293 ページ）

もちろん，だからといって，誰がこれらの仕事をしたのかという問題に決着がつくわけではない．しかし，論文が一人称で書かれているのが明らかである以上，投稿論文が2名連名だったかどうかという問題は片づくだろう——『アナーレン』の編集人が，一方の著者の名前を削除したのみ

ならず，一人称複数をすべて一人称単数に書き換えたと考えないかぎりは．

　トルブホヴィチ゠ギュリチの主張の信頼性を高めるためには，ありそうにない可能性を次々と積み重ねなければならないことがわかったと思う．まず，レントゲンが投稿論文の原稿を持っていたとは考えにくい．また，ヨッフェがその原稿を見たというのもありそうにない．ヨッフェは，それらの論文はひとりの人間によって書かれたと言っているが，それは二人の人間が書いたという意味だった，というのも無理な話だ．いちばん簡単でもっとも自然なのは，こうした不自然な主張を全部却下することである．

ジョン・スタチェル

2005年1月

注

[1] Jürgen Renn and Robert Schulmann, eds., *Albert Einstein / Mileva Marić: The Love Letters* (Princeton, N.J.: Princeton University Press, 1902), p.67. 以下ではこの文献を，たんに *Love Letters* と表記する．引用文のドイツ語原文は次のとおり．"Es lebe die Unverfrorenheit! Sie ist mein Schutzengel in dieser Welt." *The Collected Papers of Albert Einstein* (Princeton University Press, 1987-), vol.1, p.323. なおこの全集のことは，以下 *Collected Papers* と称する．

[2] *Collected Papers*, vol.5, p.3. ドイツ語原文は，"Ich suche die Einsamkeit, um mich dann still über sie zu beklagen."

とくに言及しない限り，英語への翻訳はすべて筆者による．
[3]『タイム』誌 2000 年 1 月 3 日号．
[4] 実際，『タイム』誌は 1929 年以来，アインシュタインを 3 度表紙に取り上げたが，アインシュタインの若き日の姿は一度も使っていない．
[5] この解説や，オリジナルの全集の序文で取り上げた多くのテーマに関する詳しい議論は，John Stachel, *Einstein from 'B' to 'Z'* (Boston: Birkhäuser, 2002) を参照されたい．
[6] ジェラルド・ホールトンは，「アインシュタインの行動様式や仕事ぶりには注目すべき不思議な両極性がある」ことに気づいた最初の人物だったようだ．Holton, "On Trying to Understand Scientific Genius," *Thematic Origins of Scientific Thought*, rev. ed. (Cambridge, Mass.: Harvard University Press, 1988), pp.371-398 参照．本稿での引用は p.374 以降．「両極性」という概念に関する議論については，John Stachel, "Concept of Polar Opposition in Marx's *Capital*," to appear in Stachel, *Going Critical*, vol.1, *The Challange of Practice* (Boston: Kluwer Academic, 2005) 参照．
[7] Erik Erikson, "Psychoanalytic Reflections on Einstein's Centenary," G.J.Holton and Y.Elkana, eds., *Albert Einstein, Historical and Cultural Perspectives: The Centennial Symposium in Jerusalem* (Princeton, N.J.: Princeton University Press, 1982), p.152 参照．
[8] Ibid., p.153．アインシュタインのたったひとりのきょうだいである妹のマヤは，彼よりも二つ年下で，その激しい怒りの被害者となった最初の人間だったと述べている．ゲーム盤や，子どもたちが使う"つるはし"で攻撃されたこともあった．
[9] 当時バイエルンの学校はすべて特定の宗派によって運営されており，ミュンヘンにはユダヤ教の学校はなかった．
[10] 1920 年 4 月 3 日付のアインシュタインの手紙，*Collected Papers*, vol.9, p.492．ここで用いた翻訳は John Stachel, "Einstein's Jewish Identity," *Einstein from 'B' to 'Z'*,

p.59 による.この論文には,アインシュタインのクラスにおける反ユダヤ主義について,より詳しい記述がある.

[11] 1918年1月25日付の手紙, *Collected Papers*, vol.8B, p.614.

[12] エルンスト・シュトラウスは,アインシュタインがこう語ったと伝えている.「ミュンヘンのギムナジウムにいたとき,担任の先生がわたしのところにやってきてこう言った.『きみがいなくなってくれたらありがたいんだがね』.それでわたしはこう答えた.『でもぼくは何も悪いことはしていません』『そうだな.だがきみがここにいるだけで,あらゆることが台無しになるんだ』」. Ernst Straus, "Assistent bei Albert Einstein," Carl Seelig, ed., *Helle Zeit—Dunkle Zeit / In Memoriam Albert Einstein* (Zurich: Europa Verlag, 1956), p.73 参照.

[13] *Collected Papers*, vol.1, p.lxiii.

[14] 混乱を避けるために注意しておくと,アールガウ州立学校の所在地は,アールガウ州の州都アーラウである.

[15] *Collected Papers*, vol.2, p.11.

[16] Carl Seelig, *Albert Einstein / Eine dokumentarische Biographie*, 2nd ed. (Zurich: Europa, 1954), p.22〔廣重徹訳『アインシュタインの生涯』,東京図書,1974年〕.

[17] G.J.Whitrow, ed., *Einstein, The Man and His Achievement* (London: British Broadcasting Corporation, 1967; New York: Dover Publications, 1973), p.4. 引用はドーバー版より.

[18] Roger Highfield and Paul Carter, *The Private Lives of Albert Einstein* (New York: St. Martin's Press, 1994), pp.39-40. ペルネに対するアインシュタインの評価は正しかったようだ.彼はすでに病を得ていて,その数年後に亡くなった.

[19] *Collected Papers*, vol.1, p.47.

[20] 以下の記述,および,"Einstein as a Student of Physics, and His Notes on H.F.Weber's Course," *Collected Papers*, vol.1, pp.60-62 を参照のこと.

[21] Carl Seelig, *Albert Einstein / A Documentary Biography* (London: Staples Press, 1956), p. 30 を参照. ゼーリヒはこのほかにもアインシュタインに対するヴェーバーの敵意を示す証拠を挙げている.
[22] Philipp Frank, *Einstein, His Life and Times*, rev. ed. (New York: Knopf, 1953), pp. 20-21 を参照〔矢野健太郎訳『評伝アインシュタイン』, 岩波現代文庫, 2005 年〕. この著作はアインシュタインの協力を得て執筆された. ここでの翻訳はドイツ語の原典 *Einstein, Sein Leben und seine Zeit* を参照して改訳したものである. ドイツ語版は 1949 年に初版が刊行され, 1979 年再版されている. アインシュタインよる序文がある.
[23] マリチからヘレネ・カウフラーへ, 1900 年 6 月 4 日から 7 月 23 日のいずれかの日に書かれた手紙, *Collected Papers*, vol. 1, pp. 244-245. マリチの友達のひとりであるマリナ・ボータは, マリチの母親に宛てて, 1900 年 6 月 7 日に, 次のように書いている.「あのドイツ人に関していえば, ミーチャ(マリチのニックネーム)の気がしれません. わたしはあの男が嫌いです」(ibid.). アインシュタインとマリチの関係については, 第 4 節で引き続き論じる.
[24] Einstein, "Autobiographische Skizze," Seelig, *Helle Zeit—Dunkle Zeit*, p. 10.
[25] "H. F. Weber's Lectures on Physics," *Collected Papers*, vol. 1, pp. 63-210 参照.
[26] 1898 年 2 月 16 日付の手紙, *Collected Papers*, vol. 1, p. 212.
[27] 彼女は一学期間チューリヒ工科大学を休学したので, その試験をアインシュタインよりも一年遅れて受けた.
[28] アインシュタインからミレヴァ・マリチへの 1899 年 9 月 28 日(?)付の手紙, *Love Letters*, pp. 15-16.
[29] Albert Einstein, *Autobiographical Notes*, Paul Arthur Schilpp, ed. and trans. (LaSalle, Ill.: Open Court, 1979), p. 17〔中村誠太郎・五十嵐正敬訳『自伝ノート』, 東京図書〕. この

作品は 1947 年に書かれ，すでに発表されていたバージョンに訂正を加えたものである．

[30] Ibid., p.15.
[31] ヘルマン・アインシュタインからヴィルヘルム・オストヴァルトへの 1901 年 4 月 13 日付の手紙, *Collected Papers*, vol.1, p.289.
[32] アインシュタインからミレヴァ・マリチへの 1901 年 7 月 7 日（?）付の手紙, *Collected Papers*, vol.1, p.308, *Love Letters*, pp.56-57.
[33] アインシュタイン自身，後年次のように述べている．「わたしは 1 頭立ての馬車に向いた馬なのです．2 頭立てやチームワークには向いていません．わたしは国家にも，仲間たちにも，自分の家族にさえ，心の底から属したことは一度もないのです．そうした絆はいつも，漠然とした疎外感をともなっていました．そして年を経るにつれて，そこから離れたいと思うようになるのです」("Albert Einstein," *Living Philosophies* [New York: Simon and Schuster, 1931], p.4. この章の別の翻訳が, "The World as I See It," *Ideas and Opinions* [New York: Crown, 1954], pp.8-11 にある.)
[34] "Psychoanalytic Reflections," pp.157-158. フランクのアインシュタインに関する記述は, *Einstein, His Life and Times* から引用（注 22 参照）.
[35] Maja Winteler-Einstein, "Albert Einstein—Beitrag für sein Lebensild (Excerpt)," *Collected Papers*, vol.1, pp.l-li.
[36] Aloys Höchtl, "*Lebenserinnerungen* von Aloys Höchtl, geschrieben München 1934"（未刊行）. 抜粋が Nicolaus Hittler, *Die Elektrotechnische Firma J. Einstein u. Cie in München—1876-1894* (n.p., n.d.) にある．とくに言及しないかぎり，ミュンヘン時代のアインシュタイン一家の事業について引用した情報はすべて，ヒトラーの論文による．
[37] Ibid., p.xii.
[38] 以下で論じるように，ミュンヘンの電灯による街路照明には，

ほかに三つの会社が入札した.

[39] Höchtl, "*Lebenserinnerungen,*" Hittler, *Die Elektrotechnische*, p. xvi.

[40] Oskar von Müller and Dr. E. Voit, "Elektrotechnik in München," *Die Entwicklung Münchens unter dem Einflüsse der Naturwissenschaften während der letzten Dezennien—Festschrift der 71. Versammlung deutscher Naturforscher und Aerzte gewidmet von der Stadt München* (n. p., 1899), p. 132.

[41] Winteler-Einstein, "Albert Einstein—Beitrag für sein Lebensild," p. liv.

[42] *Collected Papers*, vol. 1, p. lv の注 31 参照.

[43] Winteler-Einstein, "Albert Einstein—Beitrag für sein Lebensild," p. lix.

[44] オットー・ノイシュタッターからアインシュタインへの 1928 年 3 月 12 日付の手紙, *Collected Papers*, vol. 1, p. lxv.

[45] 彼は相対性理論の枠組みの中では,この問題がなくなることを示している. Albert Einstein, "Zur Elektrodynamik bewegter Körper," *Annalen der Physik* 17 (1905): 891-921. この論文は *Collected Papers*, vol. 2, pp. 276-306 中に再掲されている. 単極誘導についての記述は,p. 295 参照.

[46] Arthur I. Miller, "Unipolar Induction: A Case Study of the Interaction between Science and Technology," *Annals of Science* 38 (1981): 155-189 参照. この論文は Arthur I. Miller, *Frontiers of Physics, 1900-1911: Slected Essays* (Boston: Birkhäuser, 1986), pp. 153-189 中に再掲されている.

[47] Anton Reiser [Rudolf Kayser], *Albert Einstein: A Biographical Portrait* (New York: Albert and Charles Boni, 1930), p. 42.

[48] Ibid., pp. 42, 43.

[49] *Collected Papers*, vol. 1, p. 28.

[50] *Collected Papers*, vol.1, p.211.
[51] アインシュタインからミレヴァ・マリチへの 1900 年 8 月 14 日（？）付手紙, *Collected Papers*, vol.1, pp.254-255 および *Love Letters*, pp.26-27.
[52] アインシュタインからミレヴァ・マリチへの 1900 年 8 月 20 日付手紙, *Collected Papers*, vol.1, pp.255-257 および *Love Letters*, p.28.
[53] アインシュタインからミレヴァ・マリチへの 1901 年 3 月 23 日付手紙, *Collected Papers*, vol.1, pp.279-281 および *Love Letters*, p.38.
[54] アインシュタインからハインリヒ・ツァンガーへの 1918 年 8 月 11 日以前に書かれた手紙, *Collected Papers*, vol.8B, p.850.
[55] アインシュタインからミレヴァ・アインシュタイン＝マリチへの 1903 年 9 月 19 日（？）付手紙, *Collected Papers*, vol.5, p.22.
[56] "Einstein's 'Maschinchen' for the Measurement of Small Quantities of Electricity," *Collected Papers*, vol.5, pp.51-55 を参照のこと．
[57] Einstein, "Die Freie Vereinigung für technische Volksbildung. Eine Zuschrift des Professors Dr. Einstein an die Vereingung. Wien, 23. Juli [1920]," *Neue Freie Presse*, 24 July 1920, *Morgen-Ausgabe*, p.8. *Collected Papers*, vol.7, p.336 に再掲．この引用部分の直前の言葉を，次の節で取り上げる．
[58] Gerald Holton, "What, precisely, is 'thinking?'... Einstein's answer," A.P.French, ed., *Einstein: A Centenary Volume* (Cambridge: Harvard University Press, 1979), pp.153-164.
[59] *Autobiographical Notes*, p.3.
[60] Ibid.
[61] John Stachel, "The Young Einstein: Poetry and Truth,"

Stachel, *Einstein from 'B' to 'Z'*, p. 36.

[62] Ernst Straus, "Reminiscences," Holton ad Elkana, *Albert Einstein, Historical and Cultural Perspectives*, p. 420.

[63] これら二つの論文は，ヤーコプ・ラウプとの共著. *Collected Papers*, vol. 2, doc. 51-53 参照.

[64] Banesh Hoffmann, "Working With Einstein," Harry Woolf, ed., *Some Strangeness in the Proportion: A Centennial Symposium to Celebrate the Achievements of Albert Einstein* (Reading, Mass.: Addison-Wesley, 1980), pp. 477-478.

[65] アインシュタインからシビル・ブリノフへの 1954 年 5 月 21 日付の手紙，*Collected Papers*, vol. 1, p. lvi の注 35 の中で引用されている.

[66] Straus, "Reminiscences," p. 419.

[67] Einstein-Winteler, "Albert Einstein—Beitrag für sein Lebensild," p. lvii.

[68] Robert S. Shankland, "Conversations with Albert Einstein," *American Journal of Physics* 31 (1963): 50. この文献のことを筆者はアルベルト・マルティネス氏に教えていただいた.

[69] 著名な数学者ジャック・アダマールからの質問に答えたこの言葉は，アダマールの著作 *An Essay on the Psychology of Invention in the Mathematical Field* (Princeton, N.J.: Princeton University Press, 1945；伏見康治・尾崎辰之助・大塚益比古訳『数学における発明の心理』，みすず書房，1990 年) にあるもので，さらに "A Mathematician's Mind" in *Ideas and Opinions*, pp. 25-26 に再掲されている. [ ] 内のコメントは筆者による.

[70] Einstein, "Die Freie Vereinigung für technische Volksbildung," p. 338. この引用部分につづく言葉は，前の節で取り上げた（注 57 参照).

[71] *Autobiographical Notes*, pp. 49, 51.

[72] 「運動物体の電気力学」, 本書 251 ページ.
[73] "Grundgedanken und Methoden der Relativitätstheorie, in ihrer Entwicklung dargestellt," *Collected Papers*, vol. 7, p. 265.
[74] Seelig, *Albert Einstein / A Documentary Biography*, p. 155 に引用されているルドルフ・ヤーコプ・フムの日記.
[75] Straus, "Assistent bei Albert Einstein," p. 70.
[76] Ernst Straus, "Memoir," A. P. French, ed., *Einstein: A Centenary Volume* (Cambridge, Mass.: Harvard University Press, 1979), p. 31.
[77] Einstein, *Autobiographical Notes*, p. 15.
[78] Straus, "Assistent bei Albert Einstein," p. 72.
[79] John Stachel, "Einstein and the Quantum: Fifty Years of Struggle," Robert Colodny, ed., *From Quarks to Quasars: Philosophical Problems of Modern Physics* (Pittsburgh: University of Pittsburgh Press, 1986), pp. 349-385; reprinted in Stachel, *Einstein From 'B' to 'Z'*, pp. 367-402 に再掲.
[80] *Autobiographical Notes*, p. 8. アインシュタインとの対話にもとづいて, このエピソードが最初に語られたのは, Alexander Moszkowski, *Einstein, Einblicke in seine Gedankenwelt* (Hamburg: Hoffmann and Campe, 1921), p. 219 においてである.
[81] *Autobiographical Notes*, pp. 6, 8. この訳文は筆者によるものであり, ドイツ語の "wundern" の両義性が反映されていると思う.
[82] Ibid., p. 8.
[83] Ibid.
[84] Ibid.
[85] これらの現象に関する議論については下記を参照. Michel Janssen and John Stachel, "The Optics and Electrodynamics of Moving Bodies," preprint 265 of the Max-Planck-

Institut für Wissenschaftsgeschichte. これは Stachel, *Going Critical*, vol. 1 (注 6 参照) に掲載; John Stachel, "Fresnel's Dragging Coefficient as a Challenge to 19th Century Optics of Moving Bodies," preprint 281 of the Max-Planck-Institut für Wissenschaftsgeschichte. *Proceedings of the Sixth International Conference on the History of General Relativity, Amsterdam 2002* に掲載予定.

[86] "Grundgedanken"(注 73 参照)のなかでアインシュタインは次のように述べている.「電磁誘導の現象は,わたしをして特殊相対性の原理を仮定せしめた」(p. 265). しかし彼は脚注に次のように付け加えている.「克服すべき困難は,真空中での光の速度の不変性にあった. わたしは最初それを捨てなければならないと考えた. 何年ものあいだ手探りしたあげく,わたしはとうとう基本的な運動学的概念が恣意的であることが問題なのだと気づいた」(p. 280, 注 34)

[87] Moszkowski, *Einstein*, p. 103.

[88] Ibid., p. 101. "発明"(invention)に当たるドイツ語は "Erfindung". この前のページで,アインシュタインは "発見"(discovery, Entdeckung)という語をきっぱり拒絶している.「発見は真に創造的な営みではありません」

[89] Straus, "Assistent bei Albert Einstein," p. 71.

[90] Max Talmey, "Formative Period of the Inventor of Relativity Theory," *The Relativity Theory Simplified and the Formative Period of its Inventor* (New York: Falcon Press, 1932, Part III, pp. 159-79 を参照せよ. タルメイは,次のように述べている.「5 年間にわたり,わたしは数学者にして哲学者である少年としばしともに過ごすという幸運に恵まれた. この年月,彼が軽い読み物を読んでいたのを見たことがない. また,学校の友達や,同年輩の少年たちといっしょにいるのを見たこともなかった. 彼はたいてい超然とした雰囲気で,数学や物理学や哲学の本に没頭していた」(ibid., pp. 164-165)

[91] Einstein, "Autobiographische Skizze," pp. 9-17(前注 24

参照),*Collected Papers*, vols. 1, 5 の,グロスマンとベッソへの言及を参照せよ.

[92] 初期の例を二つ挙げよう.アインシュタインが滞在していたホテルの管理人の娘のアルバムに書き込まれた詩 (*Collected Papers*, vol. 1, p. 220).そして,イタリア人の友人にあげた自分の写真への書き込み.「ミス,ではなくマダム・マランゴニへ」(*Collected Papers*, vol. 1 の図 19)

[93] マリー・ヴィンテラーについては,自伝的スケッチである "Müller-Winteler, Marie," *Collected Papers*, vol. 1, p. 385 を見よ.その両親については,"Winteler, Jost, Winteler-Eckart, Pauline," ibid., p. 388 を見よ.

[94] アインシュタインからマリー・ヴィンテラーへの 1896 年 4 月 21 日付の手紙, *Collected Papers*, vol. 1, p. 21.

[95] これは彼がまもなくマリーとの交際を終わらせたひとつの理由かもしれない.以下で見るように,彼は両親がミレヴァ・マリチとの交際に反対したことを,両親の影響から自由になるために利用した.

[96] マリー・ヴィンテラーからアインシュタインへの 1896 年 11 月 4-25 日,30 日付の手紙, *Collected Papers*, vol. 1, pp. 50-53.

[97] アインシュタインからパウリーネ・ヴィンテラーへの 1897 年 5 月の手紙, *Collected Papers*, vol. 1, pp. 55-56.

[98] Albert Einstein, "Motive des Forschens"(マックス・プランクの 50 歳の誕生日を祝して 1918 年に開かれた会合でのスピーチ),英訳は "Principles of Research," *Ideas and Opinions*, pp. 224-227. ただし p. 225 以降からの引用には少し手を加えた.

[99] John Stachel, "Albert Einstein and Mileva Marić: A Collaboration That Failed to Develop," 以下 "Einstein and Marić" と表記する.これは Helena M. Pycior, Nancy G. Slack and Pnina G. Abir-Am, eds., *Creative Couples in the Sciences* (New Brunswick, N.J.: Rutgers University Press, 1996), pp. 207-218, 330-335, および Stachel, *Einstein from*

'B' to 'Z', pp. 39-55 に再掲されている.
[100] *Einstein's Wife*, PBS DVD video B8958. 表紙には「アインシュタインの秘密の結婚と科学上の共同研究の物語」とある. http://www.pbs.org/opb/einsteinswife/〔現在はスタチェルの批判に応えて内容が修正されている.〕
[101] DVD の表紙からの引用. ウェブサイトに書かれている主張はもう少し穏やかだ.「信頼のおける数名の科学者が, 少なくとも 1905 年の論文のいくつかについては, ミレヴァが共同研究を行った可能性があると主張している」
[102] アインシュタインからミレヴァ・マリチへの 1901 年 10 月 3 日付, 1901 年 12 月 28 日付の手紙. *Love Letters*, pp. 36, 73.
[103] アインシュタインからミレヴァ・マリチへの 1902 年 2 月 17 日（?）付の手紙, *Love Letters*, p. 76.
[104] たとえば *Love Letters*, pp. 19-20 を参照のこと.
[105] たとえば 1901 年 11 月 28 日付, 12 月 12 日付, 12 月 19 日付の手紙を参照. *Love Letters*, pp. 68-71.
[106] "Einstein and Marić" や, Stachel, *Einstein from 'B' to 'Z'* 収録の "The Young Einstein: Poetry and Truth," "Einstein and Ether Drift Experiments" を参照のこと.
[107] Highfield and Carter, *Private Lives of Einstein*, p. 40.
[108] シェイクスピアの「ヴェニスの商人」で, ポーシャがバッサーニオへの愛を明かす美しいくだりが思い出される.「半分はあなたのもの, もう半分もあなたのもの——わたしのものだと言いたいけれど, わたしのものだとしてもあなたのもの, だからみんなあなたのもの」
[109] ここでもまた詳細については, Stachel, *Einstein from 'B' to 'Z'* 収録の "The Young Einstein: Poetry and Truth," "Einstein and Ether Drift Experiments" を参照せよ.
[110] アインシュタインからミレヴァ・マリチへの 1901 年 12 月 28 日付の手紙, *Love Letters*, pp. 72-73.
[111] Whitrow, *Einstein, the Man and His Achievement*, p. 19.

[112] ベルン時代については, Max Flückiger, *Albert Einstein in Bern* (Bern: Paul Haupt, 1974) を参照のこと.
[113] アインシュタインからミケーレ・ベッソへの 1903 年 1 月 22 日付の手紙, "Einstein and Marić," p.41.
[114] マリチからヘレネ・サヴィチへの 1903 年 3 月 20 日付の手紙, "Einstein and Marić," pp.41-42.
[115] マリチからヘレネ・サヴィチへの 1909 年 9 月 3 日付の手紙, "Einstein and Marić," p.42.
[116] http://www.pbs.org/opb/einsteinswife/science/mquest. htm. とくに注記しないかぎり, 以下は PBS のウェブサイト http://www.pbs.org/opb/einsteinswife/ より引用する.
[117] А.Ф.Иоффе, "Памяти Альберта Эйнштейна," *Успехи физических наук* 57 (1955). ここでは, *Эйнштейн и современная физика. Сборник памяти Эйнштейна* (Moscow: GTTI, 1956), pp.20-26 に再掲されたものから引用した.「アインシュタイン＝マリチ (Эйнштейн-Марити)」への言及は, p.21 にある. この文献を探し出すのを手伝ってくれた, ゲンナジー・ゴレリク氏に感謝する.
[118] *Albert Einstein: The Incorrigible Plagiarist* (Downers Grove, Ill.: XTX Inc., 2002), p.197.
[119] "Weil nicht sein kann, was nicht sein darf... 'DIE ELTERN' ODER 'DER VATER' DER RELATIVITÄTS THEORIE" と題する記事は, 初出は Birgit Kanngiesser et al., eds., *Dokumentation des 19. Bundesweiten Kongresses von Frauen in Naturwissenschaft und Technik von 28.-31. Mai 1992 in Bremen* (Bremen: n.p., n.d.), pp.275-295 であるが, その後さまざまなバージョンで引用されており, 第 1 部は http://www.rli.at/Seiten/kooperat/maric1.htm で見ることができる (第 2 部, 第 3 部, 参考文献を見るためには, 上のアドレスの末尾の番号を, それぞれ 1, 2, 3 に置き換える). 筆者が引用したのは, このサイトにあるバージョンである.
[120] Bjerknes, *Albert Einstein: The Incorrigible*

Plagiarist, p. 197. ここに訳出した部分に対応するドイツ語原文は, p. 198 に現れ, これはセルビア語の原文から, ドイツ語に訳出された文献 Desanka Trbuhović-Gjurić, *Im Schatten Albert Einsteins / Das tragische Leben der Mileva Einstein-Marić* (Bern: Paul Haupt, 1983) から採られたものである.

[121] Ibid.

[122] *Встречи с физиками, мои воспоминанииа о зарубежных физиках*(『物理学者たちとの出会い：海外での物理学の思い出』, Moscow: Гусударстбенноые Издателство Физико-Математицческои Литературы, 1962).

[123] *Collected Papers*, vol. 2, p. xxx 参照.

[124] Christa Jungnickel and Russell McCormach, *Intellectual Mastery of Nature*, vol. 2, *The Now Mighty Theoretical Physics, 1870-1925* (Chicago: University of Chicago Press, 1986), pp. 254-255, 309, 248.

[125] "Mileva Marić's Relativistic Role," letter in *Phisics Today* (February 1991): 122.

[126] Seelig, *Albert Einstein / Eine dokumentarische Biographie*, p. 29. 対応する部分を含む英語版が出版されたのは, ようやく 1956 年のことだった. Seelig, *Albert Einstein / A Documentary Biography*, p. 24 を参照せよ.

[127] 注 122 を見よ. 本稿ではドイツ語版 *Begegnungen mit Physikern* (Leipzig: B. G. Teubner, 1967) も参照した.

[128] Ibid., pp. 88-89.

[129] *Эренфест-Иоффе Научная переписка, 1907-1933* (Leningrad: Nauka, 1973). この手紙にはミレヴァ・マリチへの言及はないことを教えてくれた, ゲンナジー・ゴレリク氏のご厚意に感謝する.

プリンストン大学出版局によるはしがき

1905年,アインシュタインは現代科学に対する彼のもっとも重要な貢献のうち,五つのことを成し遂げた.その五つはいずれも同じこの年に,有名なドイツの学術誌『アナーレン・デア・フィジーク』に初めて発表された.最近になってこれらの論文は,プリンストン大学出版局とエルサレムのヘブライ大学の後援を受け,ボストン大学のアインシュタイン論文プロジェクトが刊行を進めている『アルベルト・アインシュタイン論文全集』(以下『論文全集』)の第2巻に,オリジナルのドイツ語で,全集の編集人による注釈および序文を付して収録された.

本書は,その『論文全集』第2巻(スイス時代:文書1900-1909年)から多くを借用している.同全集の第2巻は,スイス時代にアインシュタインが書いたすべてのテキストに関し,信用のおける決定版として通用している.アインシュタインのドイツ語原文や,細部にわたる解説・注釈を求めている研究者には,まずこの全集に当たるよう勧めたい.本書には,1905年に書かれた主要な論文5篇を収録したほか,アインシュタインの相対性理論・量子力学・統計力学への寄与に関する歴史的論考や注記をこの

特別版に合わせて〔全集版の文章を〕簡略化して収録した.そのようなわけで,本書の編集人は,『論文全集』第2巻の編集人である,ジョン・スタチェル,デーヴィッド・C.キャシディー,A.J.コックス,ユルゲン・レン,ロバート・シュルマンの各氏による学術的な仕事に多くを負っている.

　本書に収録されている論文は,すべて新たに英語に訳出されたものである.翻訳にあたっては,アインシュタインの科学論文を現代英語に正確に移しつつ,原文が持つ魅力的で明晰な文体を保持するよう努めた.訳文を作成してくれた,トレヴァー・リプスコム,アリス・カラプリス,サム・エルワーシー,ジョン・スタチェルの各氏に厚くお礼を申しあげる.また,原書の誤りやミスプリントを指摘してくれたハンガリー語版の翻訳者アッティラ・ピロトに感謝する.

アインシュタイン論文選
「奇跡の年」の5論文

アインシュタインの蔵書票．
エーリヒ・ビュットナー画（エルサレム，ヘブライ大学提供）

はじめに

I

　近代の科学史に詳しい人なら，本書のタイトルにある「奇跡の年」という言葉を見れば，すぐにそのラテン語版の"annus mirabilis"が頭に浮かぶだろう．この言葉は長きにわたり，1666年を指すのに用いられてきた——この年にアイザック・ニュートンが，物理学と数学の大部分に基礎を与え，17世紀の科学に革命を起こした．その同じ言葉を，1905年を指すために用いるのは，まさに当を得たことのように思われる．この年にはアルベルト・アインシュタインが，ニュートンの遺産の一部を結実させたのみならず，そこから脱却するための基礎を築き，20世紀の科学に革命を引き起こしたのだ．

　しかしそのラテン語の言葉は，ニュートンとは関係なく作られたものだった．イギリス王政復古期の有名な詩人，ジョン・ドライデンは，「奇跡の年：1666年（Annus Mirabilis: The Year of Wonders, 1666)」と題する長編詩のなかで，オランダに対するイギリス艦隊の勝利と，ロンドン大火の克服を祝した．のちにその言葉が，ニュートンが同年に成し遂げた，科学上の仕事を祝うため

に用いられるようになった——ニュートンはその年に，彼流の微積分法と，色彩論，そして重力理論の基礎を敷いたのだった[1]．ニュートンがその時期に成し遂げた仕事については，彼自身が（ずっと後になってから）次のようにまとめている．

> 1665年の初めに，数列を近似する方法と，任意の2項係数のべきを数列に還元する方法［2項定理］を発見しました．同年5月，接線の方法を発見しました……11月，流率法［微分法］を見いだし，翌年1月には色彩論，そして5月には流率法の逆演算［積分法］の入り口に立ちました．同年，重力を月の軌道にまで拡張することを考えるようになり，（球殻の内部で回転している球体が，その球殻の表面を起こすことに気づいたので［遠心力］），惑星の周期と，それぞれの軌道の中心からの距離との比率が，3対2になるというケプラーの法則から［ケプラーの第3法則］，惑星を軌道上にとどめておく力は，惑星の公転の中心からの距離の2乗に反比例しなければならないという結論を得ました．そして，地球の表面における重力から，月をその軌道にとどめるために必要な力を求め，両者はきわめて近い値になることを見いだしました．こうしたことのすべてが，1665年および1666年という，ペストの流行した2年間に起こったのです．あの日々，わたしは発明をするのにもっとも適した年齢

にあり，それ以降のどの時期よりも，数学と哲学に心が向かっていました．[2]

近年，「奇跡の年」という言葉は，1905年のアインシュタインの仕事に対して用いられるようになっている．古典物理学の父であるニュートンにとって決定的な意味をもった年と，彼の後継者たるアインシュタインにとっての年とのあいだに，何らかの共通性を見いだそうというのだ[3]．では，アインシュタインはその奇跡の年に，何を成し遂げたのだろうか？ さいわい，1905年の論文群については，彼自身がその当時，内容をまとめた文章がある．彼ははじめの四つの論文について，親しい友だちへの手紙に次のように書いた．

> 論文を4篇発表するので，楽しみにしていてください．……最初の論文については，タダでもらえる別刷りがまもなく届くはずなので，すぐにきみに送ることができるでしょう．その論文は，放射の問題と，光のエネルギーとしての性質を扱ったもので，見てもらえばわかるように，真に革命的な仕事です．……二つ目の論文では，電気的に中性な物質の希薄溶液の拡散と粘性から，原子の本当の大きさを求めます．三つ目の論文では，熱の分子［運動］論によると，液体中に浮かぶ1000分の1mm程度の大きさの物体は，熱運動のために観測可能なランダムな運動をするはずだと

いうことを証明します．実際，生理学者たちは，無生物の小さな物体が液体中に浮かんでいるとき，そんな運動が起こるのを観察しており，それを"分子ブラウン運動"と呼んでいます．4番目の論文は，まだおおざっぱな下書きですが，運動物体の電気力学に関するもので，時間と空間の理論に修正を加えるという路線をとります．この論文の純粋に運動学的な部分には，きっときみも興味をもってくれることでしょう．[4]

アインシュタインは5番目の論文について，次のように述べた．

> 電気力学の論文から引き出せる結論を，もうひとつ思い付きました．相対性原理をマクスウェル方程式と結びつけると，物体の質量は，その物体に含まれるエネルギーの量と直接関係づけられます．つまり，光は質量をもつのです．その理由は面白くて心を惹かれます——とはいえ，もしかすると神はそれを見て笑いながら，わたしの鼻づらを引きまわしているのかもしれませんが．[5]

ニュートンとアインシュタインとの共通性は明らかだろう．二人とも20代半ばで，それまでは天才の開花をうかがわせるような兆候はとくになかったこと，そして二人とも，やがてその時代の科学に革命を起こすことになる

新しい道を，短期間のうちにいくつも切り開いたことだ．1666年のニュートンが24歳だったのに対し，1905年のアインシュタインは26歳になっていたが，そこまで完璧に年齢の一致を期待する者はいないだろう．

こうした共通点は否定しようもないが，二人が「奇跡の年」に成し遂げた仕事と，その直接的影響とを詳しく見ていくと，相違点もあることがわかってくる——しかもその違いは，わずかばかりの年齢差といった些細な違いではないのだ．まずすぐに気付くのは，それぞれの境遇の違いである．アインシュタインは，1900年にチューリヒ工科大学を卒業してからは，学者の世界からは完全にはじき出されていた．1905年にはすでに結婚して1歳の息子がおり，スイス特許局でフルタイムの仕事をこなさなければならなかった．対するニュートンは，生涯独身を通し（童貞のまま亡くなったという推測もある），学士の学位は得たばかりで，1666年には，今日でいうところの大学院生に相当する身分だった．しかも，ペストが流行したためにケンブリッジ大学が閉鎖されたおかげで，当面，学生としての義務からさえ解放されていた．

次に，科学上の到達点の違いに目を向けよう．ニュートンは1666年にはまだ何も発表していなかったのに対し，アインシュタインはすでに一流の学術誌『アナーレン・デア・フィジーク』に，ずば抜けて優れた，とまでは言わなくても，十分に優れた論文を5篇も発表していた．したがって，1666年が，ニュートンの天才に火がつき，彼が

自力で研究に乗り出した年だとすれば，1905年は，すでに成熟したアインシュタインの天才が，想像力の噴出として——同年から翌年にかけて『アナーレン・デア・フィジーク』に発表された画期的な一連の仕事というかたちで——世界に示された年だといえよう．ニュートンが1666年に行った仕事はどれもみな，かなり後になるまで印刷物として世に出ることはなかった．「彼の天才の最初の花は人知れず咲き，1664年から1666年にかけて，つまり彼の奇跡の年に，ひっそりとそれを見ていたのは，ただ彼ひとりの目だけだった」[6]．ニュートンが認められる必要を感じていなかったのは明らかで，その理由は昔から，心理学的な，それどころか精神病理学的な推測の的にさえなってきた．実際，彼は自分のアイディアを他人に知られたくなかったと見てまず間違いはないだろう．彼の主要な仕事は，他人から無理やりほじくり出されるようにして，ようやく世に出たのである．

アインシュタインの仕事が，物理学界から十分に評価されるまでには数年ほどかかった——認められることを切に望む若者にとって，それはつらいほど長い時間だった（以下の241ページを参照）．しかし，評価の動きは，1905年の論文が出た直後から始まっていた．1909年にはアインシュタインは，チューリヒ大学が彼のために設けた理論物理学のポストに招かれ，ドイツ語圏の科学者コミュニティーの例会で招待講演も行っている．

したがって，1905年を，アインシュタインが物理学界

のキーパーソンとして浮上してきた年とするなら，ニュートンは1666年ののちも，あえて匿名性を保持することを選んだと言える．ニュートンが，自分の微積分法を詳しく説明した数学の原稿を，限られた友人たちのあいだで回覧することを許し，「ニュートンの匿名性が崩れはじめた」のは，ようやく1669年のことだった[7].

もうひとつ，この二人の大きな相違点は，数学の才能である．ニュートンの数学の創造性ははじめから疑いようもなかった．彼は「わずか1年のうちに［1664年］，誰の手ほどきも受けることなく，17世紀の解析学の成果を完璧に身につけ，自ら新しい地平を開拓しはじめた．……彼が無名であったことは，まだ24歳にもならないこの若者が，正式の教育の恩恵を受けることなく，ヨーロッパ有数の数学者になったという事実を変えるものではない」[8].

ニュートンは，力学と重力に関するアイディアを発展させるために必要な数学を，自分で作ることができた．対するアインシュタインは，学生としては優秀だったし，数学を使うだけなら十分な力量があったが，数学において真に創造的な仕事をしたわけではない．学生時代の自分について，アインシュタインは次のように述べている．

　　数学をなおざりにしてしまったのは，数学よりも自然科学の方により興味があったからだけではなく，次のような奇妙な経験をしたためでもあります．数学は多くの分野に分かれており，どの分野も，われわれに許

> された短い一生をあっけなく食い尽くしてしまいそう
> に思われました．そのためわたしは，どの干し草の山
> から食べたらよいか迷い続けているうちに餓死してし
> まうという，ビュリダンのロバのような状況に陥った
> のです．それはたぶん，数学ではわたしの直観はあま
> り役立たず，根本的で重要なことを，それほど重要で
> ないものから選り分けることができなかったためで
> しょう．また，自然の研究への興味のほうが明らかに
> 強いということも，疑う余地がありませんでした．ま
> して，若い学生だったあの時代には，物理学の基本的
> 原理のような深い知識に手が届くかどうかは，非常に
> 高度な数学的方法が使えるかどうかにかかっているこ
> となど，思いもよらなかったのです．そのことが徐々
> にわかりはじめたのは，自分で科学研究をするように
> なって，何年も経ってからのことでした．[9]

さいわいにも，1905年に行った五つの仕事では，学生時代に学んだ以上の数学は必要なかった．それでも，特殊相対性理論に最適な数学的定式化を与えるという仕事は，アンリ・ポアンカレ，ヘルマン・ミンコフスキー，アルノルト・ゾンマーフェルトに残されたのだが．

一般相対性理論の研究に取りかかって，新しい数学の必要性が決定的になると，アインシュタインは，グレゴリオ・リッチ＝クルバストロとトゥッリオ・レヴィ＝チヴィタが開発したテンソル計算を使ったが，その数学的方法を

アインシュタインに教えてくれたのは、友人であり研究仲間でもあったマルセル・グロスマンだった。そのテンソル計算はリーマン幾何学にもとづくもので、アインシュタインの仕事を効率的に進めるために重要な平行移動とアフィン接続という概念が欠けていた。しかし彼は、この数学的な問題点を自分で見抜くことができず、その部分の仕事は、一般相対性理論が完成した後に、レヴィ＝チヴィタとヘルマン・ヴァイルによってなされることになった。

さて、ニュートンに話を戻すと、彼が1666年の時点で発表をためらったのは、いくつかの点で正しかったと言える。「1666年の暮れの時点では、ニュートンは、数学と力学と光学の三つの分野のいずれにおいても、彼に不滅の名声をもたらすことになる成果へとつながる展望を得ていたわけではなかった。彼がこれら三つの分野でそれまでに行ったことは、自信をもって理論を作り上げるための基礎を築くことだった——それらの基礎のなかには、大規模なものもあれば、それほどではないものもあった。しかし、1666年の末の時点では、基礎はまだどれひとつとして完成しておらず、それどころかほとんどは、完成にはほど遠い状況だった」[10]

流率法（彼は微積分法のことをそう呼んだ）の仕事は、たとえ未完成であっても発表に値したし、当時の数学者たちがそれを利用することができれば大いに役立ったことだろう。一方、ニュートンの物理学の仕事はずっと遅れていた。彼が行っていた色の理論に関する実験は、大学が閉

鎖されたために中断され，1667年にケンブリッジに戻った彼は，光学の研究にさらに10年を費やすことになる．それでも，もしも彼がもっと社交的な人物だったなら，1666年の時点で，色の理論についての予備的な結果を発表していた可能性はあるだろう．しかし，重力理論についていえば，1666年の時点でのニュートンの重力研究に関する資料を注意深く検討した物理学者のレオン・ローゼンフェルトは，次のように述べた．「科学者なら誰の目にも明らかなように，この段階でのニュートンは，彼にとって非常に興味深い展望が開けてきたところだったが，発表するにふさわしい成果は何ひとつ得ていなかった」[11]．また，力学に関する考察でも，彼はまだ明確な力の概念に到達していなかったのは明らかだ——力の概念を確立することは，今日ニュートン力学と呼ばれているものを作るためには必要不可欠な前提条件である．彼はすでに，「力に新しい定義を与えていた．その定義によれば，物体は，他の物体にぶつかっていくという能動的な力の担い手ではなく，外から力を加えられる受動的な存在となる」．しかしながら，「この最初の洞察を得てから，彼の力学が最終的なかたちで姿を表すまでには，断続的にではあるが，辛抱強い努力を20年以上も続けなければならなかったのである」[12]．

以上をまとめておこう．1666年のニュートンは，余暇に研究をする学生だった．数学においては成熟した天才だったが，物理学においては，天才の資質はあったもの

の，まだ発展途上だった．一方，1905年のアインシュタインは，妻子を抱えた社会人であり，それだけでも手いっぱいの生活の隙間時間に，どうにか物理学をねじ込んでいるような状況だったが，すでに世界に示すべき成熟した力をもつ理論物理学の大家だった．

II

ニュートンの大いなる遺産は，当時は機械論哲学と呼ばれ，のちには機械論的世界観と呼ばれるようになるものを打ち出したことである．物理学では，その世界観は，いわゆる中心力プログラムに端的に表れている．中心力プログラムとは，物質はさまざまな種類の粒子（"分子"）から構成され，二つの分子は互いに力——重力，電気力，磁力，毛管現象（毛管引力および毛管斥力）など——を及ぼし合う．そして，それらの力は——引力もあれば斥力もあるが——中心力である，という考え方である．ここで中心力とは，二つの粒子を結ぶ線に沿って作用し，両者の距離に依存するような法則（重力や静電気力では逆2乗法則）に従う力をいう．すべての物理現象は，中心力の作用を受けている分子に対し，ニュートンの三つの運動法則を適用することによって説明することができる，と考えられていたのである．

中心力プログラムがゆらぐのは，19世紀の半ばになり，運動する荷電分子間の電磁相互作用を説明するためには，（距離だけでなく）速度や加速度に依存する力を考える必

要がありそうになったときのことだった．しかしこのプログラムにとって決定的な打撃となったのは，マイケル・ファラデーとジェームズ・クラーク・マクスウェルが提唱した，電磁場の概念の成功だった．場の観点からすると，二つの荷電粒子は，互いに直接的に力を及ぼし合うのではなく，それぞれの電荷が自分の周囲の空間に場を生み出し，その場が相手の電荷に力を及ぼす，ということになる．当初，電場と磁場は，機械論的な媒体——電磁エーテル——の状態を表すものと考えられていた．したがって，電場と磁場の振る舞いは，いずれは機械論的なエーテル・モデルによって記述できるはずだった．ところがマクスウェルの方程式は，空間のあらゆる点で電場と磁場がとりうる状態と，その状態の時間変化を，完全に記述したのである．20 世紀に入るころには，エーテルを機械論的に記述するという路線はほぼ放棄され，それに代わってヘンドリク・アントン・ローレンツの観点が広まった．ローレンツの観点は，率直に言って，二元論的なものだった．それによれば，電場と磁場はエーテルの基本状態であって，マクスウェルの方程式に従うということを別にすれば，それ以上は説明を要しないものとして受け入れる．荷電粒子は(ローレンツはそれを"電子"と呼び，ほかの人たちは相変わらず分子やイオンなどと呼んでいた)，エーテルにともなう電力と磁力などの力の作用を受けながら，ニュートンの力学法則に従って運動する．そして電場と磁場は，荷電粒子の存在と，荷電粒子がエーテル内で行う運動により

生み出される,とされる.

　筆者がローレンツの考えを二元論的だと言ったのは,電子については機械論的世界観を受け入れ,エーテルとそれにともなう電場と磁場については,機械論的には説明できないまったく異質な宇宙の構成要素とするからだ.自然は根本的には統一されているという思想は,アレクサンダー・フォン・フンボルトの時代以降,とくにドイツでは人気があり,その思想のもとに育った人たちにとって,ローレンツの二元論的な考えは,耐え難いとまでは言わなくとも,到底納得のいくものではなかった.

　実際,ほどなくしてヴィルヘルム・ヴィーンらが別の可能性を提唱した.それによれば,電磁場はそれ自体として基本的な存在であり,物質の振る舞いは,その物質がもっている電磁的な性質だけで決まる,とされる.それはいわば電磁気的世界観であって,エーテルの機械論的モデルによって電磁場の振る舞いを説明しようとするのではなく,むしろ電場と磁場によって,物質の機械論的性質を説明しようとするものだった.その可能性には,ローレンツその人さえも心を動かされたが,結局,彼がそれを全面的に受け入れることはなかった.

　機械論的世界観は,マクスウェルの電気力学の到来とともにすぐに消滅したわけではない.というのも,19世紀の最後の30年間に,機械論プログラムは注目すべき新たな勝利を収めていたからだ.マクスウェルとルートヴィヒ・ボルツマンは,多数の分子の集団に対して統計的手法

を用いることにより（ここで多数というのは，アヴォガドロ数，すなわち物質によらず1モル当たりに含まれる個数 6.3×10^{23} 程度のこと），熱力学の法則に機械論的基礎を与えることに成功し，物質のマクロな性質を，気体，液体，固体の分子運動論で説明するという研究プログラムに乗り出したのである．

III

こうした状況のなか，学生時代のアインシュタインは，従来の機械論的観点（とくにそれを原子論的な物質像に当てはめること）と，マクスウェルによる，場の理論という新しい観点に立つ電磁気学へのアプローチ（とくにローレンツ版のそれ）のどちらも身につける必要があった．彼はまた，黒体放射や光電効果など，新たに発見されたいくつもの現象に出会った．それらは古い機械論的世界観にも，新しい電磁気学的な世界観にも，さらにはその両者をミックスしたいかなる世界観にも，容易には組み込めそうになかった．このように見てくると，彼が1905年に書いた五つの画期的論文は，以下の三つのカテゴリーに分類することができよう．はじめのふたつのカテゴリーは，19世紀末に物理を支配していたふたつの物理理論——古典力学とマクスウェルの電気力学——を拡張，ないし修正することと関係している．

1. 分子の大きさに関する論文（本書の論文1）と，ブ

ラウン運動に関する論文（本書の論文2）は，古典力学のアプローチを，とくにその分子運動論的な面を拡張し，完璧に磨き上げようとするものである．
2. 特殊相対性理論に関する二篇の論文（本書の論文3と論文4）は，力学と電磁気学との明らかな矛盾を取り除くために古典力学の基礎を修正することにより，マクスウェルの理論を拡張し，完成させようとするものである．

　これら4篇の論文は，アインシュタインが，今日でいうところの古典物理学に熟達していたことの証であり，彼が，ガリレオ・ガリレイとニュートンに始まり，ファラデー，マクスウェル，ボルツマンに終わる古典的伝統の継承者であることを示している．ここに名前を挙げた4人は，この伝統のなかでもとくに傑出した代表的人物である．この人たちが，同時代の人びとの目には革命的に映ったのと同じように，特殊相対性理論を作るために必要だった空間と時間，そして運動の本性に関するアインシュタインの洞察は，今では古典物理学の伝統の頂点であり，到達点であると見なされている．

3. 光量子仮説に関するアインシュタインの論文（論文5）は，彼自身が真に革命的とみなした唯一の論文である．109-110ページに引用した最初の手紙で，アインシュタインは，この論文は「放射の問題と，光のエネルギーとしての性質を扱ったもので……真

に革命的な仕事です」と述べている[13]．彼は，この論文のなかで，古典力学とマクスウェルの電磁気理論はどちらも，電磁放射の性質を説明するという点では限界があると述べ，古典物理学では説明できない光電効果のような新しい現象を説明するために，光は粒子的構造をもつとする仮説を導入した．ここにおいて，古典物理学の伝統をすでに完璧に身に付けていたアインシュタインは，古典力学に対するもっとも厳しい批判者であり，物理学を統一的に理解するための新たな基礎を見いだそうとする開拓者であることが明らかになる．

IV

　本書に収録した論文は，上記の三つのカテゴリーに従い，おおよそ古典物理学に近い順に並べられている．しかし，読者はその順に読まなければならないというわけではない．ひとつの読み方として，執筆された順番に，特殊相対性理論と量子論の論文から読みはじめてもよいだろう．あるいは，各人の興味や関心に従って，好きなものから読んでもかまわない．

　5篇の論文のそれぞれについて，『アインシュタイン論文全集』第2巻に収録されたテーマごとの序文を添えた．ここでは，三つのカテゴリーの順に，1905年までのアインシュタインの仕事を概観しておこう．

1 古典力学の伝統を拡張し，完成させるために

近年発見された手紙から，20世紀に入るころにはすでに，アインシュタインはもっぱら古典物理学の枠組みに収まらないような問題を考えていたことがわかる．ところが，1905年以前に発表された論文はすべて，ニュートン力学を物質の分子運動論に応用するという枠組みのなかに収まっている．1901年に発表されたひとつ目の論文と，1902年に発表されたふたつ目の論文は，液体および溶液で観察される一見かなり異質な現象を，分子間に作用する中心力の性質と，その性質は溶液の化学成分によって変化するという簡単な仮説にもとづいて説明しようとするものだった．アインシュタインはその仕事により，分子間力と重力には共通の基礎があるという，提案されて久しい（しかし今日ではすでに捨てられた）予想の成否を明らかにできるだろうと期待していた——その問題意識には，多様な物理現象をひとつの理論で説明したいという，アインシュタインの強い願望が見てとれる．彼は1901年にこう述べた．「目で見たかぎりではおよそ関係のなさそうな現象が，実は同じひとつのものだとわかったときの気持ちには，堪えられないものがあります」[14]．ずっと後になって，自分の人生を振り返り，彼は次のように述べている．「わたしの研究の真の目標はいつも，理論物理学の体系を簡単化すること，そして統一することでした」[15]

119ページで述べたように，19世紀の物理学にはもうひとつ，経験的に十分に立証された熱力学の法則を，原子

論的な物質モデルを用いて理論的に説明できることを示すという壮大なプロジェクトがあった．マクスウェルとボルツマンはこの分野の開拓者であり，アインシュタインは自らを，このふたりの仕事を引き継ぎ，完成させる者と見なしていた．

アインシュタインはその人生最初の2論文で，熱力学的な論証を縦横に用いた——実は熱力学は，彼の初期の仕事のすべてにおいて，重要な役割を演じているのだが．彼は第2論文で，熱力学と，熱現象を分子運動論の観点から説明することとの関係について，ひとつの問題を提起し，三作目の論文でその問題に答えた．その第3論文は，熱力学を原子論的に基礎づけることを目指して，1902年から1904年にかけて発表された三部作の第一弾にあたる．その具体的目標は，熱力学の基本概念や原理を導くために用いる機械論的な系を，原子論的に取り扱うために必要最低限の前提を作ることだった．アインシュタインは，熱力学第2法則は，「機械論的世界観から必然的に導かれる」と考えていたが，それはおそらく彼自身が，そうした一般的な前提からこの法則を導き出したためだろう[16]．彼はまた，熱平衡になっている系について，エネルギーのゆらぎの2乗平均が満たすべき方程式を導いた．その方程式は，機械論的な系から導かれたものであるにもかかわらず，熱力学の量だけで書かれていた．そして彼は大胆にも，明らかに機械論的ではない系，すなわち黒体放射にその式を応用した（彼が黒体放射に言及したのはこれが最

初)．黒体放射は，物質と電磁放射が熱平衡になっている系である．黒体放射は，彼の知るかぎり，観測できる〔十分に大きな〕長さのスケールをもちながら，エネルギーのゆらぎが物理的に重要になるような〔つまり小さな〕，唯一の系だった．そうして実際に計算してみると，黒体放射の性質についてすでに知られていることと矛盾しない結果が得られたのである．この仕事から，アインシュタインはこの時点ですでに，黒体放射を機械論的に扱うことを考えていたということが示唆される．黒体放射を機械論的に扱うという発想は，彼が「真に革命的」だと述べた，1905年の光量子仮説の仕事の基礎となるものである．

　本書に収録された論文1は，アインシュタインの博士論文である．彼はこの論文で，流体力学と拡散理論という古典物理学の手法を用いて，液体に物質が溶けている場合と溶けていない場合のそれぞれについて，流体の粘性の測定値から，アヴォガドロ数（120ページ参照）と物質分子の大きさを推定できることを示した．論文2は，いわゆるブラウン運動に関するもので，これもまた古典力学の概念の適用範囲を広げる仕事である．アインシュタインは，もしも熱の分子運動論が正しければ，熱力学の法則が普遍的に成り立つことはありえないと指摘した．なぜなら，運動が顕微鏡で観察できる程度の粒子が液体中に浮かんでいるとき，液体分子の運動に起因するゆらぎのために，熱力学第2法則は，（顕微鏡を使ってではあれ）目に見えるスケールで破れるはずだからである．実際，アインシュタ

インが示したように，液体中に浮かぶミクロな粒子の運動——よく知られた"ブラウン運動"——は，そんなゆらぎによって説明されるのである．彼はこの仕事を，熱力学の正しさに確信をもてる範囲の限界を確立するものとみなした．

2 マクスウェルの電気力学を拡張して完成させ，それに矛盾しないように古典力学を修正すること

アインシュタインは，1905年よりもかなり前から，力学に関する相対性原理（すべての慣性系はあらゆる力学現象を記述するにあたって対等だという原理）は，力学現象だけでなく，光学と電磁気の現象にまで拡張しなければならないことを示唆する実験が多数あることに気づいていたようである．しかし，相対性原理をそのように拡張することは，彼が当時最もすぐれた電気力学理論と見なしていたローレンツの電子論と相容れなかった．なぜならローレンツの電子論は，ある特定の慣性系——すなわちエーテルの静止系（118ページ参照）——を特権的なものとして認めるからである．

本書に収録された論文3と論文4で，アインシュタインはこの矛盾を解消した．そのために彼は，物理学の——力学と電気力学だけでなく，あらゆる力学理論の（当時は前述の二つの力学しか知られていなかったが）——運動学的基礎である空間と時間についての理論を批判的に検討した．離れた場所で起こった出来事の"同時性"という概念

を深く掘り下げて考えたアインシュタインは,もしもニュートンの絶対時間を捨てて,光の速度はすべての慣性系で同じだという一種の絶対性を新たに採用すれば,相対性原理はマクスウェル方程式と両立することに気がついた.その結果,異なる慣性系における空間と時間の座標を結びつけるニュートン-ガリレオの変換法則は,今日ではローレンツ変換と呼ばれている変換法則で置き換えられる[17].ローレンツ変換は,本来的に運動学に関係するものなので,満足のいく物理理論は,その変換群のもとで不変でなければならない.マクスウェル方程式は,エーテルの概念を放棄したのちに,あらためて解釈し直され,この不変性の要請を満たすようになった.しかしニュートンの運動方程式のほうは修正を要した.

相対性理論に関するアインシュタインの仕事には,逆説と矛盾に取り巻かれながらも前進することができるという,彼の実力が如実に示されている.彼は,ある理論——この場合はニュートンの力学——が成り立つ限界を見出すために,別の理論——この場合はマクスウェルの電気力学——を用いる.マクスウェルの理論が成り立つ範囲には限界があることに,すでに気づいていたにもかかわらず,である(以下の,129-131 ページを参照).

アインシュタインが独自のアプローチで得た大きな成果のうち,当時の人たちに理解しにくかったのは,「相対性理論の運動学は,相対性理論の形成を促した理論とは無関係に成り立つ」ということだった.彼は,力学と電気力

学だけでなく，今後導入されるであろうあらゆる物理的概念に（重力の問題は別にして），首尾一貫した運動学的基礎を与えたのである．実際，物理学はその後ほぼ1世紀間に大きな進展を遂げたが，彼の築いた基礎がゆらぐことはなかった．後年，アインシュタイン自身が用いた表現を使えば，彼が作ったのは，"構成的理論"ではなく，"原理的理論"だった[18]．彼は当時，これらふたつの理論を次のように区別した．「ここで扱っているのは，個々の法則があらかじめ内在していて，演繹するだけでそれらを引き出せるような"系"ではありません．そうではなく，ある法則を，それとは別の法則に還元するための（ある意味では熱力学第二法則のような），原理にすぎないのです」[19]．そのような"原理的理論"でいうところの原理は，熱力学の原理と同様に，膨大な経験的データから引き出されるものであって，データを説明するのではなく，データをまとめて一般化するためのものである．それとは対照的に，たとえば気体運動論のような構成的理論は，データに説明を与えるために導入された，なんらかの仮想的な存在（たとえば動きまわる原子）を基礎として，ある種の現象に説明を与える．

アインシュタインが，"原理的理論"と"構成的理論"との違いとして挙げた重要な要素が，ポアンカレの著作に書かれていることは良く知られている．これほど有名ではないけれども，物理学に原理が果たす役割の重要性をアインシュタインが強調するようになるにあたり，影響を受け

たとみられるのが，ジュリウス・ヴィオールとアルフレート・クライナーの著書である．アインシュタインは実際にこの二人の著作を読んだことがわかっている．

相対性理論は優れた理論ではあるが，構成的理論の役目は果たせない，とアインシュタインは考えていた．「満足のいく物理理論は，基本的な土台の上に作られていなければなりません．相対性理論は，たとえばボルツマンがまだエントロピーの確率的解釈を与えていなかったころの古典熱力学と同じように，結局のところ，あまり満足のいくものではありません」[20]

3 古典力学とマクスウェルの電磁気理論は両方とも，その有効性に限度があることを示し，これらの理論では説明できない現象を理解すること

古典力学とマクスウェルの電気力学を磨きあげ，両立可能なものにするというアインシュタインの努力は，古典物理学的アプローチ（古典物理学という言葉を最大限に広くとるとして）の拡張とみることができる．古典力学とマクスウェルの電気力学への彼の貢献がどれほど独創的なものだったとしても，また空間と時間について彼の得た結論が，当時の人たちにとってそれほど革命的に見えたとしても，さらには，物理学の新領域を探るアインシュタインの仕事がどれほど実り多いものだったとしても，このときの彼はまだ，19世紀末にはすでに確立されていた概念的な構造から，絞り取れるだけのものを絞り取ろうとしていた

のだった．20世紀のはじめの10年間に彼がとったアプローチの真の独創性は，物質と放射の振る舞いや，その相互作用に関連して続々と発見されていたさまざまな現象は，古典力学とマクスウェルの電気力学の考え方では——そして，それら二つの分野をどれだけ改良したり補足したりしても——説明できないと確信していたという点にある．アインシュタインは常日頃から，研究仲間たちに対し，物質と放射のどちらの構造を説明するにしても，抜本的に新しい概念を持ち込む必要があると力説していた．彼自身，そうした概念をいくつか導入したが，そのなかでもとくに注目に値するのが，光量子仮説である．とはいえ，当時の彼には，その概念を首尾一貫した物理理論にすることはできなかったのだが．

論文5は，量子仮説に関するアインシュタインの最初の論文であり，古い概念への批判と新しい概念の探究を同時に行うという，彼のスタイルがはっきりと見てとれる．この論文ではまずはじめに，等分配則（等分配の定理）[21]とマクスウェルの式を合わせると，黒体放射スペクトルを表す式——今日ではレイリー - ジーンズ分布として知られているもの——が得られることが示される．この分布は，低い振動数領域で，実験を完璧に記述することが証明されているプランクの分布と一致するが，高い振動数領域では明らかに成り立たない．なぜなら，その式によれば，高い振動数領域ではエネルギーが発散してしまうからだ．（彼はまもなく，やはり等分配定理にもとづいて，古典力学に

よっては，固体の熱的や光学的な性質は説明できないことを，原子やイオンの振動子の格子モデルを用いて示した．）

アインシュタインはつぎに，高い振動数領域を調べた．その領域では，古典的な考え方で導かれた分布は劇的に破れる．彼は，高い振動数の極限——それを"ヴィーン極限"という——では，等温に保たれた単色放射のエントロピーは，統計的に独立な粒子からなる普通の気体のエントロピーとまったく同じ体積依存性をもつことを示した．要するに，ウィーン極限における単色放射は，熱力学的には，あたかも統計的に独立なエネルギー量子で構成されているかのように振る舞うのである．アインシュタインはこの結果を得るために，それぞれの量子のエネルギーは，対応する振動数に比例すると仮定する必要があった．そうして得られた結果に勇気づけられたアインシュタインは，大胆に最後の一歩を踏み出した．物質と放射は，エネルギー量子を交換することによってしか相互作用できないという，「真に革命的な」仮説を提唱する．そして，その仮定を置くことにより，一見するとまったく関係なさそうに見えるたくさんの現象が——とりわけ光電効果が——説明できることを示したのである．1921年にノーベル賞委員会が，彼の授賞理由として挙げたのはこの仕事だった．

1905年のアインシュタインは，プランクの分布法則を振動数の全域で用いたわけではなかった．翌年彼は，プランクがこの法則を導くために用いた方法では，電荷をもつ振動子はエネルギー量子の整数倍のエネルギーしかもた

ず，それゆえ電荷をもつ振動子が放射場とエネルギーを交換するためには，エネルギー量子をやり取りするしかないと，暗黙のうちに仮定されていることを示した．1907年には，電荷をもたない振動子も，同様に量子化されなければならないと論じ，ほとんどの固体で，普通の温度ではデュロン–プチの法則が成り立つのはなぜか，そして，比熱が異常に低い物質があるのはなぜかを説明した．そして彼は，デュロン–プチの法則からのズレが目立ちはじめる温度（316ページ参照）――今日でいうアインシュタイン温度――を，原子の振動子の基本振動数に結びつけ，そこからさらに固体の光学的吸収スペクトルに結びつけた．

　アインシュタインは，古典力学は根本的には不十分だという確信を得ていたにもかかわらず，驚くべき手腕を発揮して，古典力学のなかでもまだ信頼できる部分を利用して電磁放射の構造を調べた．1909年には，熱放射を満たした空間に両面鏡を入れたものに対し，ブラウン運動の理論を当てはめた．彼は，もしもその鏡面に及ぼされる放射圧のゆらぎが，マクスウェルの理論の予想通り，ランダムな波としての効果だけによって生じるなら，ブラウン運動は永遠には続かないことを示した．ブラウン運動は，粒子がランダムに鏡にぶつかることで生じる圧力ゆらぎに対応する付加的な項があってはじめて，永遠に続くのである．アインシュタインは，ランダムな波のエネルギーのゆらぎと，粒子のエネルギーのゆらぎのどちらもが，黒体放射に対するプランクの分布則から導かれることを示した．彼は

この結果を，光量子の物理的実在性を支持する議論としては，もっとも強力なものと考えていた．

アインシュタインにとって，光量子仮説に関する仕事は，放射と物質に関する「満足のいく理論」には程遠かった．(128ページに述べたように) 彼は，理論が満足のいくものであるためには，「その構造が"基本的な"土台の上に作られて」いなければならないと力説し，「われわれは今もなお，電気と力学のプロセスについて，満足のいく基礎を手に入れたというには程遠い」と述べた[22]．アインシュタインは，量子現象が真に理解できたとは感じていなかったが，それは彼が (ボルツマン定数には，統計的ゆらぎのスケールを与える量という，満足のいく解釈を与えたものの)，プランク定数には，まだ「直観的な」解釈を与えることができていなかったからだろう[23]．電荷の量子は，理論にとってあいかわらず「外からもち込まれた」ものだった[24]．彼は，物質と放射に関する満足のいく理論は，電気の量子と放射の量子を，ただそういうものとして仮定するのではなく，それを構成できるようなものでなければならないと確信していた．

原理的理論 (128ページ参照) である相対性理論は，そのような「満足のいく理論」を探すための強力なガイドラインになる．アインシュタインは，いずれは「相対性原理と調和する完全な世界観」を作り上げたいと考えていた[25]．それができるまでのあいだ，相対性理論は，完全な世界観を構築するための手掛かりを与えるものだった．

そんな手掛かりのひとつが,電磁放射の構造である.相対性理論は,放射（radiation）の"放出（emission）理論"と両立するのみならず（光の速度は,光源に対してつねに一定であることを意味するから）,放出するものから吸収するものへと,放射が質量を移行させることを要請する——そのことは,アインシュタインの光量子仮説（放射はある環境のもとで粒子のような構造をもつという仮説）を補強するものだった.彼は次のように述べた.「理論物理学の進展における次の段階は,われわれに光の理論をもたらすようなものとなるであろう.それはある意味で,光の振動理論と放射理論との融合とみなすことができるだろう」[26].量子現象を理解するための探究を行うなかで,アインシュタインが信頼できる手掛かりと考えていた原理には,相対性原理のほかに,エネルギー保存則とボルツマンの原理があった.

アインシュタインは,「素電荷を与えるように理論を修正すれば,放射の量子構造も明らかにできるだろう」と述べた[27].1909年,彼は物質（電子）の構造と放射（光量子）の構造の両方を説明するような場の理論を見いだすための最初の試みを行った.相対論的不変量を調べ,非線形化によるマクスウェル方程式の一般化を検討したのち,アインシュタインは次のように述べた.「電気の素量子と光の量子を構成できそうな連立方程式を見いだすことにはまだ成功していない.しかしながら,それほど多種多様な可能性があるとは思えないので,怖気づいてその仕事から撤

退する必要はない」[28]．この試みを，彼がその後40年ほど続けることになる，電磁気学と重力と物質の統一場理論の探究という長い道のりの，最初の一歩とみることもできよう．

1907年，アインシュタインは，重力を相対性理論に組み込もうとするなかで，新たな形式的原理である等価原理を見いだした．彼はその発見を，重力を考慮に入れるためには，相対性原理を一般化する必要があることを示唆するものと考えた（彼が最初の相対性原理のほうを特殊相対性原理と呼ぶようになったのはこのころからである）．彼は，重力の効果を考慮すれば，最初の相対性理論で慣性系とローレンツ変換に与えられた一種の特権的な役割は，もはや保てないことに気がついた．そして彼は，ローレンツ変換よりも広い変換群で，重力を考慮に入れても物理法則が変わらないようなものを探しはじめた．この探究は1915年の末まで続けられ，アインシュタインが自分の最大の仕事と考えた一般相対性理論として結実することになる．しかし，それはまた別の話であり，ここで語ることはできない．

特殊相対性理論と量子論に関するアインシュタインの仕事は，その後の20世紀に物理的世界観を大きく塗り替えた数多くの研究にインスピレーションと指針を与えたのみならず，テクノロジーの発展に及ぼした影響を介して，わたしたちの暮らしにも，それと同じぐらい大きな変革をもたらした．しかし，そうした多面的な影響についても，こ

こで語ることはできない．さらにいえばアインシュタインの「奇跡の年」の遺産に触れることなくしては，（理論的な進展からふたつだけを挙げるなら）量子光学や場の量子論について語ることもできないし，（良かれ悪しかれわたしたちの世界を変えた無数の発明のなかからいくつか挙げるなら）メーザー，レーザー，クライストロン，シンクロトロンについても——そして原子爆弾と水素爆弾についても——語ることはできないのである．

注

[1] "anni mirabiles（驚異の数年間）" という表現は，リチャード・ウェストフォールによるニュートンの伝記 *Never at Rest / A Biography of Isaac Newton* (Cambridge, U.K.: Cambridge University Press, 1980; paperback edition, 1983; 邦訳『アイザック・ニュートン』田中一郎・大谷隆昶訳記，平凡社) p.140 では，より正確に 1664-1666 年の時期とされている．この本は，ニュートンの生涯について全般に信頼性の高い情報として参考になる．

[2] I. Bernard Cohen, *Introduction to Newton's 'Principia'* (Cambridge, Mass.: Harvard University Press, 1971), p. 291.

[3] たとえば，Albrecht Fölsing, *Albert Einstein / A Biography*, tr. by Ewald Osers (New York: Viking, 1997), p.121 によると，「アインシュタインがその奇跡の年に行ったほど，たったひとりの人間がかくも短い期間に，かくも豊かに科学を富ませることは，空前絶後のことである」．この本はアインシュタインに関する全般に信頼性の高い情報源として参考になる．しかし，科学的な説明については，慎重な取扱いが必要である．伝記の体

裁で書かれたアインシュタインの科学上の仕事に関する記述には，Abraham Pais, *'Subtle is the Lord...': The Science and the Life of Albert Einstein* (Oxford: Clarendon Press; New York: Oxford University Press, 1982；邦訳『神は老獪にして…』西島和彦監訳，金子務・太田忠之・岡村浩・中沢宣也訳，産業図書) がある．

[4] アインシュタインからコンラート・ハビヒトへの 1905 年 5 月 18 日（または 25 日）付の手紙, *Collected Papers of Albert Einstein* (Princeton, N.J.: Princeton University Press, 1987-, 以下 *Collected Papers* と略記), vol. 5 (1993), doc. 27, p. 31.

[5] アインシュタインからコンラート・ハビヒトへの 1905 年 6 月 30 日-9 月 22 日付の手紙, *Collected Papers*, vol. 5, doc. 28, p. 33（英訳は p. 21）. 40 年後，最初の原子爆弾が炸裂して，質量とエネルギーの等価性に世界の目が注がれたとき，アインシュタインは神の悪戯の正体について思いをめぐらしたかもしれない．

[6] Westfall, *Never at Rest*, p. 140.

[7] Ibid., p. 205.

[8] Ibid., pp. 100, 137.

[9] Albert Einstein, *Autobiographical Notes*, Paul Arthur Schilpp, ed., and trans. (LaSalle, Ill.: Open Court, 1979), p. 15〔中村誠太郎・五十嵐正敬訳『自伝ノート』，東京図書〕.

[10] Westfall, *Never at Rest*, p. 174.

[11] "Newton and the Law of Gravitation," *Arch. Hist. Exact Sci.* 2 (1965): 365-386. Robert S. Cohen and John J. Stachel, eds., *Selected Papers of Leon Rosenfeld* (Dordrecht / Boston: Reidel, 1979), p. 65 に再掲．

[12] Westfall, *Never at Rest*, p. 146 からの引用．

[13] アインシュタインからコンラート・ハビヒトへの 1905 年 5 月の手紙, *Collected Papers*, vol. 5, doc. 27, p. 31.

[14] アインシュタインからマルセル・グロスマンへの 1901 年 4 月 14 日付の手紙, *Collected Papers*, vol. 1, doc. 100, p. 290.

[15] 1932年にアインシュタインに対して出された問いかけに対する答えより. Helen Dukas and Banesh Hoffmann, *Albert Einstein: The Human Side* (Princeton, N.J.: Princeton University Press, 1979), p.122にドイツ語の原文が, p.11にその英訳がある.

[16] Einstein, "Kinetic Theory of Thermal Equilibrium and of the Second Law of Thermodynamics," *Collected Papers*, vol.2, doc.3, p.72 (1902年の原論文では p.432).

[17] ローレンツはその変換を導入し, アンリ・ポアンカレはそれに"ローレンツ変換"と命名した. しかしアインシュタインがその変換に対して与えた運動学的解釈はまったく別のものだった.

[18] 原理的理論と構成的理論との違いについては, Albert Einstein, "Time, Space and Gravitation," *The Times* (London), 28 November 1919, p.13参照. これは "What Is the Theory of Relativity?" という題で *Ideas and Opinions* (New York: Crown, 1954), pp.227-232に再録されている. 彼はのちに, この理論の起源について, 当時を振り返って次のように語った.「しだいにわたしは, 既知の事柄にもとづいて, 構成的な手段では正しい法則を発見する見込みはないのではないかと思うようになりました. そして時間が流れ, 懸命に努力すればするほど, 確実な結果に到達するためには, 普遍的な形式的原理を発見するしかないと確信するようになったのです. そんな理論の例として, 目の前にあったのは熱力学でした」(*Autobiographical Notes*, p.48). 1905年の後数年にわたり, アインシュタインは "相対性理論" ではなく "相対性原理" と言っていた.

[19] Einstein, "Comments of the Note of Mr. Paul Ehrenfest: 'The Translatory Motion of Deformable Electrons and the Area Law,'" *Collected Papers*, vol.2, doc.44, p.411 (1907年の原論文では p.207).

[20] アインシュタインからアルノルト・ゾンマーフェルトへの1908年1月14日付の手紙, *Collected Papers*, vol.5, doc.73, pp.86-88. 10年後, アインシュタインはこのアイディアを次の

ようにくわしく説明した.「一群の自然界のプロセスを理解することに成功したというとき,われわれはこれを,問題のプロセスを含むような構成的理論が発見されたという意味で用いるのである」("Time, Space and Gravitation" より)

[21] これは古典的な統計力学の結果であって,それによれば熱平衡にある機械論的系の各自由度には,系の全エネルギーが等しく分配される.

[22] アインシュタインからアルノルト・ゾンマーフェルトへの1908年1月14日付の手紙, *Collected Papers*, vol.5, doc.73, p.87.

[23] Ibid.

[24] Einstein, "On the Present Status of the Radiation Problem," *Collected Papers*, vol.2, doc.56, p.549 (1909年の原論文では p.192).

[25] Einstein, "On the Inertia of Energy Required by the Relativity Principle," *Collected Papers*, vol.2, doc.45, pp.414-415 (1907年の原論文では p.372).

[26] Einstein, "On the Development of Our Views Concerning the Nature and Constitution of Radiation," *Collected Papers*, vol.2, doc.60, pp.564-565 (1909年の原論文では pp.482-483).

[27] Einstein, "On the Present Status of the Radiation Problem," *Collected Papers*, vol.2, doc.56, pp.549-550 (1909年の原論文では pp.192-193).

[28] Ibid., p.550 (1909年の原論文では p.193). 場の理論に向けたこの努力は,場の存在論に向けてのアインシュタインの第一歩であるように見える.

I

アインシュタインの学位論文

チューリヒ工科大学の物理棟にある講義室のようす．
チューリヒ，1905 年（チューリヒ工科大学提供）

アインシュタインは，チューリヒ工科大学（ETH）を卒業して約1年後の1901年に，博士論文をチューリヒ大学に提出したが，1902年の初めにそれを取り下げた．その3年後にふたたび論文を提出し，このたびは無事博士号を取得する．彼はその論文で，古典流体力学と拡散理論の技法を結びつけて，分子のサイズとアヴォガドロ数を求める新手法を考案し，水溶液中の砂糖分子にそれを応用した．論文は1905年の4月30日に完成し，7月20日にチューリヒ大学に提出された．論文が受理されてまもない1905年8月19日には，わずかに異なる発表用のバージョンが『アナーレン・デア・フィジーク』に届いた．

1905年以前にも，分子の大きさを実験で求める方法はいくつかあった．物質のミクロな構成要素は最大どの程度の大きさなのかという問題は昔から論じられていたが，分子の大きさを求めるために気体分子運動論にもとづく信頼性の高い方法が開発されたのは，ようやく19世紀も後半のことだった．金属の接触電気や，光の分散（屈折した光がスペクトルに分かれる現象），そして黒体放射など，さまざまな現象の研究から，分子の大きさを調べる新しい手法が生まれたのである．20世紀の初めまでに得られていた方法のほとんどは，分子の大きさとアヴォガドロ数の値について，ほぼ満足のいく一致をみていた．

分子の大きさを求めるために流体中の現象を利用する方法は，彼の学位論文のものが最初だとアインシュタインは主張しているが，液体の振る舞いが一役演じる方法なら，

それ以前にもさまざまあった．たとえば，気体分子運動論にもとづくロシュミットの方法では，液体の状態での密度と，気体の状態での密度とを比較することが重要なポイントになる．また，トマス・ヤングは1816年という早い時期に，液体の物理学だけを用いる方法を考えだした．ヤングは液体の表面張力を研究しており，そこから分子間力の到達距離を推定することができたのだ．また彼は後年，毛細管現象を利用して分子の大きさを求める方法をいくつか考案している．

　液体の場合，気体分子運動論に劣らない分子運動論はまだできていなかったので，液体の性質だけから分子の体積を導き出すやり方では，あまり正確な結果は得られなかった．しかしアインシュタインの方法によれば，気体分子運動論にもとづく結果に負けないほど正確な値が得られた．毛細管現象を利用する方法では，分子間力の存在が仮定されるのに対し，アインシュタインの方法の中心仮定は，希薄な溶液中の溶質分子が溶媒の粘性に及ぼす影響は，古典的な流体力学で扱うことができる，というものだった（その際，溶質分子は硬い球体として扱われる）．

　アインシュタインの方法は，溶媒分子よりも溶質分子のほうが大きい場合に，溶質分子の大きさを求めるのに適している．1905年にウィリアム・サザーランドは，大きな分子の質量を求める新しい方法を発表したが，その方法とアインシュタインの方法にはいくつか重要な共通点がある．どちらも，溶液と気体との類似性に着目するファン

ト・ホフの方法にもとづいてネルンストが開発した分子の拡散理論を利用すること，そして，流体力学的な摩擦に関するストークスの法則を用いることだ．

サザーランドが大きな分子の質量に興味をもつようになったのは，アルブミンのような有機物質を化学分析する際には，質量が重要になるためだった．アインシュタインは，分子の大きさを求める新手法を考案する仕事と並行して，一般性という観点からは異なる階層に属する問題をいくつか考えていた．溶液の理論に関する未解決問題は，溶質の分子ないしイオンに，溶媒分子が付着しているのかどうかだった．アインシュタインの学位論文のおかげで，その問題に答えが出た．アインシュタインはその点について，1909年11月にジャン・ペランに宛てた手紙のなかで，当時を振り返って次のように述べている．「あのときわたしが，水溶液中の砂糖の体積を求めるために溶液の粘性を利用したのは，砂糖分子に付着した水分子の体積をきちんと考慮したいと考えたからです」．そして実際，彼の学位論文で得られた結果から，砂糖分子には水分子がたしかに付着していることが示された．

アインシュタインの関心はこの個別的な問題だけにとどまらず，放射理論の基礎や，電子の実在性という，より一般的な問題にまで広がっていた．彼はペランへの同じ手紙のなかで，その点を次のように強調している．「なにより重要なのは，分子の大きさを正確に求めることだとわたしには思われます．なぜなら，プランクの放射公式をより正

確に検証するには，放射を測定するより，分子の大きさを求めるほうがよいからです」

アインシュタインの学位論文は，原子仮説を支持する証拠をさらに固めようとしていた彼にとって最初の大きな成功だったが，その努力が頂点に達するのは，ブラウン運動を説明したときだった．1905年の暮れまでには，彼は分子の大きさを求める方法を三つ発表し，翌年にはさらにいくつかの方法を得た．それらの方法のなかでも，彼がそれまで研究していた液体の物理現象ともっとも強く結びついているのは，学位論文の方法である．

博士号を得るためにアインシュタインが苦労したようすから，分子の大きさという問題に取り組む際，大学制度が足かせになったという事情の一端が浮かび上がってくる．彼がチューリヒ大学で博士号を取得するための研究として理論的なテーマを選んだのは，かなり異例なことだった．そもそも理論研究をすること自体が異例だったし，研究テーマは普通，指導教授から与えられるものだった．理論物理学は1900年頃までにはドイツ語圏の国々でゆっくりとながら独立した学問分野になりつつあったが，チューリヒ工科大学とチューリヒ大学のどちらでも，まだひとつの学問分野として確立していなかった．チューリヒ工科大学は設立直後に，ドイツの数理物理学者ルドルフ・クラウジウスを教授に迎えており，それは理論研究に扉を開くきっかけにはなった．だがクラウジウスはその十年後にチューリ

ヒ工科大学を去る．技術者や中等学校の教員養成を主な任務とするチューリヒ工科大学では，理論に傾きすぎるクラウジウスのアプローチに大学運営サイドの理解が得られず，そのことが彼の離任を早めたのかもしれない．

クラウジウスのポストはその後しばらく空席だったが，結局，H.F.ヴェーバーが後任となった．彼は1875年から1912年に亡くなるまで，チューリヒ工科大学の数理物理と応用物理の教授を務め，19世紀最後の20年間は，おもに実験物理学と電子工学の分野で独創的な研究を行った．彼の業績のなかには，たとえば黒体放射や，低温での比熱の振る舞いにみられる異常，拡散理論など，後年のアインシュタインの研究にとって重要になるものがいくつも含まれている．しかしヴェーバーの主な興味の対象は，決して理論物理学者のそれではなかった．一方のチューリヒ大学でも，20世紀初頭の理論物理学の状況は，チューリヒ工科大学のそれと大差なかった．スイスのほかの四つの主要大学は，物理学では正教授のポストを二つか，または正教授のポストひとつとテニュアのない教授のポストひとつをもっていたが，チューリヒ大学には物理学のポストはひとつしかなく，その席を占めていたのは実験物理学者のアルフレート・クライナーだった．

チューリヒ工科大学は，1909年までは博士号を授与する権限をもたなかったため，工科大学の学生はチューリヒ大学の博士号を取れるように特別の計らいがあった．工科大学の学生が物理学の博士号をとるために行う研究の大半

はヴェーバーの指導下に行われ，クライナーが論文の副査を務めた．先に述べたように，1901年から1905年までにチューリヒ工科大学とチューリヒ大学で書かれた物理学の博士論文はほとんどすべて，指導教授が学生に与えたテーマか，あるいは少なくとも指導教授の関心と密接に結びついた実験物理学のテーマを扱っていた．テーマの幅は狭く，実験物理学の最前線と言えるものはあまりなかった．熱伝導や電気伝導，およびその測定器に関する研究がかなりの割合を占め，理論物理学の一般的な問題，たとえばエーテルの性質や，気体分子運動論などは，試験のための論文のテーマとして出題されることはあっても，博士論文のテーマに選ばれることはまずなかった．

1900年から1901年にかけての冬学期，アインシュタインはヴェーバーのもとで学位取得のための研究をするつもりだった．そのテーマは熱電気に関係するものだったかもしれない．アインシュタインはその分野に関心をもっていたし，ヴェーバーのもとで博士号のための準備をしている学生のなかには，その実験を行っている者も何人かいた．しかしヴェーバーと仲たがいしたアインシュタインは，クライナーに研究への指導と助言を求めた．

クライナーは当時もっぱら測定装置の研究をしていたが，彼は物理学の基本的な問題にも関心があり，アインシュタインとは幅広いテーマで論じ合った．アインシュタインは，最初に書いた学位論文をチューリヒ大学に提出するに先立ち，1901年11月にクライナーに見てもらった．

その論文は失われてしまったため,内容に関する証言にはあやふやなところがある.1901年4月,アインシュタインは,分子間力についてそれまでやってきた仕事をまとめる計画だと手紙に書いており,それ以前の彼は主に液体に関する仕事をしていた.しかしその年の暮れには,未来の妻となるミレヴァ・マリチが,彼は気体の分子間力に関する仕事を論文にして提出したと述べているし,アインシュタイン自身,"気体分子運動論"についてまとめた論文だと述べている.また,その論文はドルーデの金属の電子理論と,ボルツマンの気体理論に関する仕事について論じたものだったことを示唆する証言がいくつかある.

1902年の2月までには,アインシュタインはその学位論文を取り下げた.ひょっとするとクライナーが,ボルツマンがらみの論争にはかかわらない方がいいと忠告したのかもしれない.当時,チューリヒ大学に提出される物理学の学位論文はほぼすべて実験物理学のものだったことを考えれば,アインシュタインの理論的な研究に実験の裏付けがなかったことが,論文取り下げという決断に一役演じた可能性もある.1903年1月,アインシュタインはまだ分子間力に興味をもっていたようだが,ミケーレ・ベッソへの手紙には,博士号をとるのは諦めようと思うと書いた.それをやったからといって自分にとっては大した役には立たないだろうし,「こんな茶番にはもううんざりだ」というのだった.

1905年に完成した博士論文の研究に,アインシュタイ

ンがいつ取りかかったかは明らかではない．1905年の博士論文の中核となるアイディアのいくつかは，1903年3月にはすでに得ていたようである．クライナーは彼の博士論文を審査した二人の教授のひとりだったが，論文への講評のなかで，テーマはアインシュタインが自分で選んだものだと述べたうえで，「その理論を作って実際に計算をやり遂げることは，流体力学のもっとも難しい仕事のひとつである」と明言した．もうひとりの審査員だったチューリヒ大学の数学教授ハインリヒ・ブルクハルトは，それに付け加えてこう述べた．「手際の良さから見て，この問題を解くために必要な数学的テクニックをしっかりと身に付けていることがわかる」．ブルクハルトはアインシュタインの計算をチェックしたが，ひとつ大きなミスを見逃した．アインシュタインの学位論文について唯一指摘された問題点は，論文が短すぎるということだった．アインシュタインの伝記を書いたカール・ゼーリヒは，それについて次のように伝えている．「後年アインシュタインは笑い話として，学位論文は最初，短すぎるというクライナーのコメントとともに返されてきたが，短い一文を書き加えたところ，あとは何も言われず受理されたと語った」

　当時彼が研究していたその他の題材とくらべると，流体力学の手法で分子の大きさを求めるというテーマは，実験物理学に大きく傾いていたチューリヒ大学の学風に合っている．観測結果から情報を引き出すために必要な実験技術がまだなかったブラウン運動に関する仕事とは対照的に，

流体力学の手法で溶質分子の大きさを求めるというアインシュタインの方法は，標準的なデータ表から新しい経験的情報を引き出すことを可能にするものだった．

気体分子運動論にもとづくロシュミットの方法と同じく，アインシュタインの方法の基礎となるのは，二つの未知数——アヴォガドロ数 N と分子の半径 P ——に関する二つの方程式である．アインシュタインのひとつ目の式は (181 ページの三つ目の式)，液体中に分子が浮遊しているときの液体の粘性係数 k^* と，分子が存在しない場合の粘性係数 k のあいだに成り立つ，次の関係式から導かれる．

$$k^* = k(1+\varphi). \qquad (1)$$

ここで，φ は溶質分子の占める体積率である．この式は流体中のエネルギー散逸の研究から導かれる．

アインシュタインのもうひとつの基礎方程式は，溶液の拡散係数 D に対する式から導かれる．その式は，液体中を運動する半径 P の球体に対するストークスの法則と，浸透圧に対するファント・ホフの法則，

$$D = \frac{RT}{6\pi k} \cdot \frac{1}{NP} \qquad (2)$$

から得られる．ここで，R は気体定数，T は絶対温度，N はアヴォガドロ数である．

専門的なことをいえば，式 (1) の導出は，アインシュタインの学位論文のなかで一番やっかいな部分で，溶質分子が存在する場合にも，流体の運動は非圧縮性均質流体の

定常流に対する流体力学方程式によって記述できるという仮定が置かれている．また，分子の慣性は無視できることや，分子同士はお互いの運動に影響を及ぼさないこと，分子は流体力学的な応力だけを受けながら，流体中を滑りなしに運動する剛体球として扱えるものと仮定されている．ここで必要とされる流体力学のテクニックは，キルヒホフの『数理物理学入門』第 1 巻の『力学』から得られている．アインシュタインがキルヒホフの本をはじめて読んだのは学生時代のことだった．

　式（2）は，液体の力学的および熱力学的な平衡状態に対する条件から導かれる．その導出のためには，浸透圧による見かけの力を，ストークスの法則に現れる，一分子に作用する力と同一視しなければならない．この問題をうまく処理するためのカギは，仮想的な抗力を持ち込むことである．彼はそれ以前にも，一般化された拡散現象に熱力学第 2 法則が適用できることを証明した論文と，統計物理学に関するいくつかの論文で，熱力学的効果を相殺するような仮想的な力を導入している．

　式（2）を導くために使われたのは，アインシュタイン自身が熱力学の統計的基礎に関する仕事で考案した理論的道具ではなかった．彼が自分で開発したもう少し複雑な導出方法は，ブラウン運動に関する最初の論文のために取っておいたのだ．式（2）は，やはり 1905 年に，アインシュタインとは独立に，サザーランドがもう少し一般的なかたちで導いている．サザーランドは，すでに得られて

いた実験データと合わせるために，拡散する分子と溶液のあいだの滑り摩擦の係数を可変的なものにしなければならなかった．

アインシュタインの方法の基本要素——拡散理論を利用したことと，流体力学のテクニックを物質や電気の原子論的構成要素がかかわる現象に応用したこと——については，彼のそれ以前の仕事に起源を求めることができる．アインシュタインがそれまでにやった仕事は，液体の物理学のなかでも，液体の分子的構造が一役演じそうなあらゆる面にかかわっていた——たとえば毛細管現象に関するラプラスの理論，液体のファンデルワールス理論，拡散と電気伝導に関するネルンストの理論などである．

アインシュタインの学位論文以前には，物質や電気が原子的なものでできていることで生じる現象に流体力学を応用するのは，イオンの運動に関する流体力学的摩擦の効果を考慮するときだけにかぎられていた．ストークスの法則は，電気素量を測定するさまざまな方法に利用され，電気伝導の研究に一役演じていた．アインシュタインが電気伝導の理論に興味をもっていたことは，彼の学位論文の中核的アイディアのいくつかを得るうえできわめて重要だったろう．電気伝導理論への関心から，水と結びついて分子が凝集する可能性を調べる気になったかもしれないし，博士論文で使われたいくつかのテクニックを勉強する必要性を感じたのかもしれない．

1903年，アインシュタインとベッソはそんな凝集を仮

定する必要のある解離の理論について論じ（ベッソはそれを"水和イオンの仮説"と呼んだ），それを仮定すれば，オストヴァルトの希釈法則にまつわる困難を解決できると主張した．また，その仮定を置けば，流体力学的な考察により，溶液中のイオンの大きさを計算する簡単な方法に道が開かれる．1902 年，サザーランドはストークスの式にもとづいてイオンの大きさを計算する方法を考えだしたが，実験データと合わなかったため，その方法は捨てた．サザーランドは"水和イオンの仮説"を用いなかったが，その仮説を使えば，温度や濃度のような物理的条件とともにイオンのサイズが変わってもよいことになり，実験データとの不一致が避けられる．古典流体力学の方法でイオンのサイズを求めるというアイディアがアインシュタインの頭に浮かんだのは，1903 年の 3 月のことだった．彼はそのときベッソへの手紙のなかで，サザーランドが捨てた計算方法とまったく同じようにみえるものを提案した．

　　イオンが球形で非常に大きいため，粘性流体の流体力学方程式が使えると仮定して，イオンの大きさそのものを計算してみたことはありますか？　電子［の電荷］に関する既知の情報を使えば，その計算は簡単にできそうです．自分でやってみたいところですが，参考文献も時間もありません．溶液中の中性塩の分子に関する情報を得るために，拡散も使えるかもしれません．

このくだりは注目に値する．なぜなら，ここで言われている流体力学はおそらくストークスの法則だけを指しているものと思われるが，アインシュタインはこのときすでに，分子の大きさを求める彼の手法の中核となる二つの要素，すなわち流体力学と拡散理論に言及しているからだ．アインシュタインがベッソに提案した第一の方法によく似た方法は，すでにウィリアム・ロバート・バウスフィールドが手掛けていたとはいえ，アインシュタインの学位論文は，拡散と中性塩の分子に関する第二の提案を発展させたものとみることができる．アインシュタインはこうして，ネルンストと同じような道をたどったのではないだろうか——ネルンストはまず，より簡単な非電解質の場合について拡散理論を考えだしたのだった．砂糖溶液を研究することで，解離や電気的相互作用の問題を避けながら，粘性と拡散係数に関する比較的精度の高いたくさんの数値データを利用することが可能になったのである．

分子の大きさを求めるアインシュタインの方法で得られた結果は，当時すでにあった他の方法で得られた結果と合わなかった．ランドルトとベルンシュタインによる物理化学数値表の新しいデータを使って計算をやり直しても，やはり合わなかった．アインシュタインはブラウン運動に関する一連の論文で，アヴォガドロ数の値を引用するときには，自分の方法で得た数値か，より標準的な数値のどちらか一方だけを用いた．一度だけ，1908年に発表した論文

のなかで，この数の測定値にはあいまいさがあると述べている．1909年までには，ブラウン運動についてペランが注意深い測定を行い，アヴォガドロ数について新しい値が得られたが，その値はアインシュタインが流体力学の方法とプランクの放射法則から得た値とかなり食い違っていた．アインシュタインにとってこの不一致には重大な意味があった．というのも彼は，プランクが放射法則を導いたときのやり方には問題があると考えていたからだ．

1909年アインシュタインはペランに，溶液分子の大きさを測定するには，自分が考案した流体力学的な方法もあるということに目を向けてもらおうとした．アインシュタインは，自分の方法ならば，溶質分子に水の分子が付着していれば，その体積を考慮できるという点を力説し，ペランの懸濁液の研究に使ってみてはもらえないだろうかと持ちかけた．翌年，ペランの研究室のジャック・バンスランが，粘性係数（式（1））に対するアインシュタインの式を検討した．バンスランがそのために用いたのは，ペランが遠心分離の方法を使って準備したガンボジの均質乳濁液だった．バンスランは，粘性は懸濁粒子のサイズによらず，それらが占める体積比率だけに応じて増大することを確かめた．だが，増大した粘性について得られた値は，アインシュタインが予測したものと大きく食い違っていた．バンスランは実験のレポートをアインシュタインに送った．それによれば式（1）のφは，予測された1ではなく，3.9という値だった．

アインシュタインは自分の計算にミスがあるのではないかと調べてみたが,誤りが見つからず,1911 年 1 月,自分の学生で共同研究者でもあったルートヴィヒ・ホッフに次のような手紙を書いた.「以前の計算と議論について見直しをしましたが,誤りは見つかりませんでした.わたしの結果をもう一度注意深くチェックしてもらえるなら,とてもありがたいです.この仕事に誤りがあるか,ペランの懸濁物質の体積は彼が考えているよりも大きいか,ふたつにひとつだと思います」

ホッフは速度成分の導出方法にひとつ間違いを見つけた.その間違いはアインシュタインの学位論文の,圧力成分に対する式にあった(以下の 169-170 ページを参照).その間違いを修正すると,式(1)の φ の値は 2.5 になった.

1911 年の 1 月半ば,アインシュタインはバンスランとペランに,自分の計算にあった間違いをホッフが見つけてくれたと知らせた.式(1)の φ の値を修正した 2.5 と,バンスランの実験で得られた値 3.9 がやはり食い違っていることから,アインシュタインは実験にも問題があるのではないかと考えるようになった.そこでアインシュタインはペランにこう尋ねた.「あなたのマスチック粒子が,コロイド粒子と同様に膨らんでいるという可能性はないでしょうか? 3.9/2.5 程度膨らんでいたとしても,ブラウン運動にはごく小さな影響しか出ないでしょうから,あなたの目をすり抜けている可能性もあると思うのです」

1911年1月21日，アインシュタインはこの間違いの訂正を発表した．『アナーレン・デア・フィジーク』に，博士論文中のいくつかの式を訂正して公表し，計算し直したアヴォガドロ数を発表した．彼が得た値は，1モルあたり 6.56×10^{23} だった．この値は運動論と，プランクの黒体放射の式から得られたものに近い．

　バンスランは実験を続け，実験結果と理論との一致はさらに良くなった．4カ月後，彼は粘性の測定に関する論文をフランスの科学アカデミーで発表し，式（1）の中の φ に対して 2.9 という値を示した．バンスランは，砂糖の液に対するエマルジョンに相当するものに用いるために結果を外挿し，アヴォガドロ数も計算し直して，1モルあたり 7.0×10^{23} という値を得た．

　当初アインシュタインの学位論文は，ブラウン運動に関する華麗な仕事の陰に隠れてしまった感があったし，仲間の科学者たちに目を向けてもらうためには，アインシュタインからの働きかけも必要だった．しかしこの論文の成果は多方面に応用できるため，最終的には，学位論文はアインシュタインのすべての仕事のなかでもっとも引用件数の多い論文となったのである．

論文 1

分子の大きさを求める新手法
(チューリヒ大学博士論文)

分子の実際の大きさは，まず気体運動論により求められるようになったが，分子の大きさを調べるために，液体中で見られる物理現象が利用されたことはまだない．その理由はもちろん，精度の高い液体の分子運動論を作る際の障害が克服されていないためである．この論文では，溶質分子の体積が溶媒分子の体積より大きいものとして，解離せずに希薄溶液中に溶けている物質分子の大きさを，溶液の内部粘性と，純粋に溶媒だけの場合の内部粘性，そして溶媒中での溶質の拡散速度から求められることを示す．それができるのは，そのような溶質分子は，溶媒中での分子の移動度と，分子が溶媒の粘性に及ぼす影響に関しては，溶媒中に浮かぶ固体とほぼ同じように振る舞うからである．したがって，分子のまわりでは，液体は均質で分子構造を考慮しなくてもよいとして，溶媒の運動に対し流体力学の方程式を用いることができる．溶質分子を表す固体の形としては，球形を選ぶことにする．

1. 液体中に浮かぶ微小な球が，液体の運動に及ぼす影響

　まずはじめに，粘性係数 k をもつ，非圧縮性で均質な

液体を考え，その速度成分 u, v, w は，座標 x, y, z および時間の関数として与えられているものとしよう．関数 u, v, w を，任意の一点 x_0, y_0, z_0 のまわりでテーラー級数に展開された，$x-x_0, y-y_0, z-z_0$ の関数と考えよう．また，その点のまわりに領域 G を考え，G はきわめて小さいため，その内部ではテーラー展開の一次の項だけを考えればよいものとする．よく知られているように，このとき G の内部での液体の運動は，次の三つの運動の重ね合わせとみなすことができる．

1. 液体のあらゆる微小部分が相対位置を変えずに行う平行移動．
2. 微小部分の相対位置を変えずに行われる，液体の回転運動．
3. 互いに直交する三つの方向（膨脹の主軸）に沿った膨脹運動．

さて，領域 G の内部に剛体球をひとつ考え，球の中心は点 x_0, y_0, z_0 に位置し，球の大きさは領域 G にくらべて非常に小さいものとする．さらに液体の運動はきわめてゆるやかであるため，流体の運動エネルギーも，球の運動エネルギーも無視できると仮定する．また球の面積要素の速度成分は，隣接する液体の微小部分の速度成分と同じであると仮定する——つまり（連続的だと考えられる）境界層もまた，無限小ではない粘性係数を示すものとする．

1 および 2 の運動では，球は，まわりにある液体の微小部分の運動を変化させず，単純に液体と一緒に運動するだけなのは明らかである．なぜなら，これらの運動では，液体は剛体のように動くからであり，また，われわれは慣性の影響を無視したからである．

しかし 3 の運動は，球が存在するために変化する．そこで次に，球が液体のこの運動に及ぼす影響を調べよう．3 の運動を，膨脹の主軸に平行な軸をもつ座標系で記述することにし，

$$x - x_0 = \xi,$$
$$y - y_0 = \eta,$$
$$z - z_0 = \zeta.$$

と置くと，球が存在しなければ，3 の運動は次の方程式で記述することができる．

$$\begin{cases} u_0 = A\xi, \\ v_0 = B\eta, \\ w_0 = C\zeta. \end{cases} \quad (1)$$

ここで，A, B, C は定数であり，液体は非圧縮性であることから，次の条件を満たす．

$$A + B + C = 0. \quad (2)$$

さて，点 x_0, y_0, z_0 に半径 P の剛体球を置くと，そのまわりの液体の運動が変化する．便宜上，P は"有限"とみなすが，球のために生じた液体の運動の変化がもはや感知できないほど小さくなるような ξ, η, ζ の値はすべて，"無限に大きい"ものとする．

考察している液体運動の対称性から，その運動が起こっているあいだは，球は並進運動も回転運動もできないことは明らかなので，次の境界条件を得る．
$$\rho = P \text{のとき} u = v = w = 0.$$
ここで，
$$\rho = \sqrt{\xi^2 + \eta^2 + \zeta^2} > 0$$
である．u, v, w は，この運動（球によって変化した運動）の速度成分を表す．
$$\begin{cases} u = A\xi + u_1, \\ v = B\eta + v_1, \\ w = C\zeta + w_1 \end{cases} \tag{3}$$
と置けば，式（3）で表される運動は無限遠方では式（1）で表される運動に帰着するはずであるから，速度 u_1, v_1, w_1 は，無限遠方でゼロにならなければならない．

関数 u, v, w は，粘性を含め，慣性を無視した流体力学方程式を満たすはずなので，次の式が成り立つ．[1]
$$\begin{cases} \dfrac{\delta p}{\delta \xi} = k\Delta u \quad \dfrac{\delta p}{\delta \eta} = k\Delta v \quad \dfrac{\delta p}{\delta \zeta} = \Delta w, ^{[1]} \\ \dfrac{\delta u}{\delta \xi} + \dfrac{\delta v}{\delta \eta} + \dfrac{\delta w}{\delta \zeta} = 0. \end{cases} \tag{4}$$

ここで Δ は，演算子

---

(1) G. Kirchhoff, *Vorlesungen über Mechanik*, 26. Vorl.

$$\frac{\delta^2}{\delta\xi^2} + \frac{\delta^2}{\delta\eta^2} + \frac{\delta^2}{\delta\zeta^2}$$

を表し，p は静水圧を表す．

式（1）は方程式（4）の解であり，後者は線形であるから，式（3）より，量 u_1, v_1, w_1 も方程式（4）を満たさなければならない．わたしは上述のキルヒホフ講義録の第4節に与えられている方法[(2)] で u_1, v_1, w_1 および p を

---

(2)「式（4）から $\Delta p = 0$ となる．p がこの条件を満たし，方程式
$$\Delta V = \frac{1}{k}p$$
を満たす関数 V を求める．このとき，
$$u = \frac{\delta V}{\delta \xi} + u', \quad v = \frac{\delta V}{\delta \eta} + v', \quad w = \frac{\delta V}{\delta \zeta} + w'$$
と置き，u', v', w' を $\Delta u' = 0, \Delta v' = 0, \Delta w' = 0$ および
$$\frac{\delta u'}{\delta \xi} + \frac{\delta v'}{\delta \eta} + \frac{\delta w'}{\delta \zeta} = -\frac{1}{k}p$$
を満たすように選ぶなら，式（4）が成り立つ．」

さて，
$$\frac{p}{k} = 2c\frac{\delta^2 \dfrac{1}{\rho}}{\delta \xi^3}^{[2]}$$
と置き，それと相容れるように
$$V = c\frac{\delta^2 \rho}{\delta \xi^3} + b\frac{\delta^2 \dfrac{1}{\rho}}{\delta \xi^2} + \frac{a}{2}\left[\xi^2 - \frac{\eta^2}{2} - \frac{\zeta^2}{2}\right]^{[3]}$$
および，
$$u' = -2c\frac{\delta \dfrac{1}{\delta}}{\delta \xi}, \quad v' = 0, \quad w' = 0^{[4]}$$
と置くと，定数 a, b, c は，$\rho = P$ に対して $u = v = w = 0$ であ

求め，次の結果を得た．

$$
\left.\begin{aligned}
p &= -\frac{5}{3}kP^3\left\{A\frac{\delta^2\left[\frac{1}{\rho}\right]}{\delta\xi^2} + B\frac{\delta^2\left[\frac{1}{\rho}\right]}{\delta\eta^2} \right.\\
&\qquad\qquad\left. + C\frac{\delta^2\left[\frac{1}{\delta}\right]}{\delta\zeta^2}\right\} + \text{定数}, \\
u &= A\xi - \frac{5}{3}P^3 A\frac{\xi}{\rho^3} - \frac{\delta D}{\delta\xi}, \\
v &= B\eta - \frac{5}{3}P^3 B\frac{\eta}{\rho^3} - \frac{\delta D}{\delta\eta}, \\
w &= C\zeta - \frac{5}{3}P^3 C\frac{\zeta}{\rho^3} - \frac{\delta D}{\delta\zeta}.
\end{aligned}\right\} \quad (5)^{[5]}
$$

ここで，

$$
\begin{aligned}
D =\ & A\left\{\frac{5}{6}P^3\frac{\delta^2\rho}{\delta\xi^2} + \frac{1}{6}P^5\frac{\delta^2\left(\frac{1}{\rho}\right)}{\delta\xi^2}\right\} \\
& + B\left\{\frac{5}{6}P^3\frac{\delta^2\rho}{\delta\eta^2} + \frac{1}{6}P^5\frac{\delta^2\left(\frac{1}{\rho}\right)}{\delta\eta^2}\right\} \\
& + C\left\{\frac{5}{6}P^3\frac{\delta^2\rho}{\delta\zeta^2} + \frac{1}{6}P^5\frac{\delta^2\left(\frac{1}{\rho}\right)}{\delta\zeta^2}\right\} \quad (5\mathrm{a})
\end{aligned}
$$

である．式 (5) が方程式 (4) の解であることは容易に証明できる．じっさい，

るように定めることができる．そのような三つの解を重ね合わせることにより，方程式 (5)，および (5a) の解が得られる．

$$\Delta\xi = 0, \quad \Delta\frac{1}{\rho} = 0, \quad \Delta\rho = \frac{2}{\rho}.$$

であり，また，

$$\Delta\left(\frac{\xi}{\rho^3}\right) = -\frac{\delta}{\delta\xi}\left\{\Delta\left(\frac{1}{\rho}\right)\right\} = 0$$

であるから，

$$k\Delta u = -k\frac{\delta}{\delta\xi}\{\Delta D\}$$

$$= -k\frac{\delta}{\delta\xi}\left\{\frac{5}{3}P^3 A\frac{\delta^2\frac{1}{\rho}}{\delta\xi^2} + \frac{5}{3}P^3 B\frac{\delta^2\frac{1}{\rho}}{\delta\eta^2} + \cdots\right\}$$

を得る．しかし，式 (5) の最初の式から，ここで得た式の最後のものは，$\dfrac{\delta n}{\delta\xi}$[6] と同じであることがわかる．同様に式 (4) の第二および第三の方程式が満たされることが示される．さらに，

$$\frac{\delta u}{\delta\xi} + \frac{\delta v}{\delta\eta} + \frac{\delta w}{\delta\zeta} = (A+B+C)$$

$$+ \frac{5}{3}P^3\left\{A\frac{\delta^2\left(\frac{1}{\rho}\right)}{\delta\xi^2} + B\frac{\delta^2\left(\frac{1}{\rho}\right)}{\delta\eta^2} + C\frac{\delta^2\left(\frac{1}{\rho}\right)}{\delta\zeta^2}\right\} - \Delta D$$

を得る．ところが式 (5a) より，

$$\Delta D = \frac{5}{3}AP^3\left\{A\frac{\delta^2\left(\frac{1}{\rho}\right)}{\delta\xi^2} + B\frac{\delta^2\left(\frac{1}{\rho}\right)}{\delta\eta^2} + C\frac{\delta^2\left(\frac{1}{\rho}\right)}{\delta\zeta^2}\right\}^{〔訳注〕}$$

であるから，式 (4) の最後の方程式も満たされる．境

界条件についていえば，ρ が無限に大きいところでは，u, v, w に対する式は式（1）に帰着する．式（5a）を計算して得られる D の表式を式（5）の第二式に代入すると，次の式が得られる．

$$u = A\xi - \frac{5}{2}\frac{P^3}{\rho^6}\xi(A\xi^2 + B\eta^2 + C\zeta^2)^{[7]}$$
$$+ \frac{5}{2}\frac{P^5}{\rho^7}\xi(A\xi^2 + B\eta^2 + C\zeta^2) - \frac{P^5}{\rho^5}A\xi. \quad (6)$$

この式から，$\rho = P$ のとき，u はゼロになることがわかる．対称性から，v および w についても同様の式が成り立つ．こうして，式（5）は，式（4），およびこの場合の境界条件を満たすことが示された．

また，式（5）が方程式（4）の解のうち，われわれが考察している問題の境界条件に合う唯一の解であることを示すこともできる．ここではその証明の概略のみを示す．ある有限領域の内部で，液体の速度成分 u, v, w が方程式（4）を満たすものとしよう．方程式（4）に別の解 U, V, W が存在し，ここで考えている領域の境界において，$U = u, V = v, W = w$ であるとすると，$(U - u, V - v, W - w)$ は方程式（4）の解であって，境界では速度成分がゼロになるようなものである．このとき考察している領域の内部では，液体に対していかなる力学的な仕事も行われていない．液体の運動エネルギーを無視したので，この体積内では熱に転換される仕事もまたゼロである．このことから，その領域が静止した壁によって少なくとも部

分的に仕切られている場合には，領域内の全空間において $u=u_1, v=v_1, w=w_1$ [8] でなければならない．この結果を極限にまで推し進めると，上で考察した場合と同じく，領域が無限大のときにも拡張することができる．こうして，上で得た解は，この問題の唯一の解であることが示される．

さて，点 x_0, y_0, z_0 のまわりに半径 R の球を描く．このとき R は P にくらべて無限に大きいものとする．そして，その球の内部にある液体中で（単位時間に）熱に転換されるエネルギーを計算する．そのエネルギー W は，液体に対して力学的になされた仕事に等しい．半径 R の球の表面に及ぼされる圧力の座標成分を X_n, Y_n, Z_n とすると，

$$W = \int (X_n u + Y_n v + Z_n w) ds$$

である．積分は半径 R の球の表面全域について行う．ここで，

$$X_n = -\left(X\xi\frac{\xi}{\rho} + X\eta\frac{\eta}{\rho} + X\zeta\frac{\zeta}{\rho}\right), \text{[9]}$$
$$Y_n = -\left(Y\xi\frac{\xi}{\rho} + Y\eta\frac{\eta}{\rho} + Y\zeta\frac{\zeta}{\rho}\right),$$
$$Z_n = -\left(Z\xi\frac{\xi}{\rho} + Z\eta\frac{\eta}{\rho} + Z\zeta\frac{\zeta}{\rho}\right)$$

であり，

$$X_\xi = p - 2k\frac{\delta u}{\delta \xi}, \qquad Y_\zeta = Z_\eta = -k\Big(\frac{\delta v}{\delta \zeta} + \frac{\delta w}{\delta \eta}\Big),$$
$$Y_\eta = p - 2k\frac{\delta v}{\delta \eta}, \qquad Z_\xi = X_\zeta = -k\Big(\frac{\delta w}{\delta \xi} + \frac{\delta u}{\delta \zeta}\Big),$$
$$Z_\zeta = p - 2k\frac{\delta w}{\delta \zeta}, \qquad X_\eta = Y_\xi = -k\Big(\frac{\delta u}{\delta \eta} + \frac{\delta v}{\delta \xi}\Big)$$

である．u, v, w に対する式は，$\rho = R$ のとき，$\dfrac{P^5}{\rho^5}$ を含む項は，$\dfrac{P^3}{\rho^3}$ を含む項にくらべてゼロとみなせることを考慮すれば簡単になる．

$$\left.\begin{aligned}u &= A\xi - \frac{5}{2}P^3\frac{\xi(A\xi^2 + B\eta^2 + C\zeta^2)}{\rho^5}, \\ v &= B\eta - \frac{5}{2}P^3\frac{\eta(A\xi^2 + B\eta^2 + C\zeta^2)}{\rho^5}, \\ w &= C\zeta - \frac{5}{2}P^3\frac{\zeta(A\xi^2 + B\eta^2 + C\zeta^2)}{\rho^5}\end{aligned}\right\} \quad (6a)^{[10]}$$

p については，式 (5) の最初のものから，同じように高次の項を無視して

$$p = -5kP^3\frac{A\xi^2 + B\eta^2 + C\zeta^2}{\rho^5} + 定数^{[11]}$$

を得る．こうして，

$$X_\xi = -2kA + 10kP^3\frac{A\xi^2}{\rho^5}$$
$$\qquad -25kP^3\frac{\xi^2(A\xi^2 + B\eta^2 + C\zeta^2)}{\rho^7},^{[12]}$$

$$X_\eta = +10kP^3 \frac{A\xi\eta}{\rho^5} - 25kP^3 \frac{\eta^2(A\xi^2+B\eta^2+C\zeta^2)}{\rho^7}, \quad [13]$$
$$X_\zeta = +10kP^3 \frac{A\xi\zeta}{\rho^5} + 25kP^3 \frac{\zeta^2(A\xi^2+B\eta^2+C\zeta^2)}{\rho^7}$$

を得,これから,

$$X_n = -2Ak\frac{\xi}{\rho} - 10AkP^3\frac{\xi}{\rho^4}$$
$$+ 25kP^3 \frac{\xi(A\xi^2+B\eta^2+C\zeta^2)}{\rho^6} \quad [14]$$

を得る.サイクリックに置換を施すことにより,Y_n および Z_n に対する式を導き,P/ρ の比の 3 乗より高次の項を省略すると,

$$X_n u + Y_n v + Z_n w + \frac{2k}{\rho}(A^2\xi^2+B^2\eta^2+C^2\zeta^2) \quad [15]$$
$$- 10k\frac{P^3}{\rho^4}(A^2\xi^2+\cdots+\cdots)$$
$$+ 20k\frac{P^3}{\rho^6}(A\xi^2+\cdots+\cdots)$$

を得る.これを球の表面全体で積分し,

$$\int ds = 4R^2\pi,$$
$$\int \xi^2 ds = \int \eta^2 ds = \int \zeta^2 ds = \frac{4}{3}\pi R^4,$$
$$\int \xi^4 ds = \int \eta^4 ds = \int \zeta^4 ds = \frac{4}{5}\pi R^6,$$

$$\int \eta^2\zeta^2 ds = \int \zeta^2\xi^2 ds = \int \xi^2\eta^2 ds = \frac{4}{15}\pi R^6, \text{[16]}$$

$$\int (A\xi^2 + B\eta^2 + C\zeta^2)^2 ds = \frac{4}{15}\pi R^6(A^2+B^2+C^2)\text{[17]}$$

を考慮すると,次式を得る.

$$W = \frac{8}{3}\pi R^3 k\delta^2 - \frac{8}{3}\pi P^3 k\delta^2 = 2\delta^2 k(V-\Phi).\text{[18]} \quad (7)$$

ここで,

$$\delta = A^2 + B^2 + C^2, \text{[19]}$$

$$\frac{4}{3}\pi R^3 = V$$

および

$$\frac{4}{3}\pi P^3 = \Phi$$

と置いた.もしも浮遊する球が存在しなければ($\Phi=0$),体積 V の中で散逸するエネルギーは次の式で表される.

$$W_0 = 2\delta^2 kV. \qquad (7a)$$

このように,球が存在することにより,散逸エネルギーは $2\delta^2 k\Phi$ だけ減少する.ここで,散逸エネルギーの量に対して液体中に浮かぶ球が及ぼす影響は,球の存在が周囲の液体の運動にまったく影響を及ぼさないときと同じであることは注目に値する[20].

2. 不規則に分布する小球がきわめて多数浮かんでいる場合に，液体の粘性係数を求める

前節では，先に定義したような大きさの領域 G の内部に，その領域にくらべて非常に小さな球が 1 個浮かんでいる場合を考え，その球が液体の運動に及ぼす影響を調べた．本節では，領域 G の内部に，同じ半径の球が数え切れないほど多数含まれており，また，その半径はきわめて小さいため，球の体積をすべて合わせても，領域 G の体積よりもはるかに小さい場合を考える．単位体積あたりに含まれる球の個数を n とし，無視できるほど小さい項を別にすれば，n は液体全域で一定であるものとする．

前と同様，まず球がひとつも浮かんでいない均質な液体の運動からはじめ，ごく一般的な膨脹運動を考える．球が存在しないとき，適切な座標系を選べば，領域 G の任意の点 x, y, z における速度成分 u_0, v_0, w_0 を次の方程式で表すことができる．

$$u_0 = Ax,$$
$$v_0 = By,$$
$$w_0 = Cz,$$

ここで，

$$A+B+C = 0$$

である．点 x_v, y_v, z_v [21] の位置に浮かぶ球は，式 (6) から明らかなやり方で，この液体の運動に影響を及ぼす．隣り合う球の平均距離を，球の半径にくらべて大きく選んだので，浮かんでいるすべての球のために生じる付加的

な速度成分は，u_0, v_0, w_0 にくらべてきわめて小さく，球を考慮に入れ，高次の項を無視すると，液体中の速度成分 u, v, w に対して次の式を得る．

$$\left.\begin{aligned}
u = Ax - \sum &\left\{ \frac{5}{2} \frac{P^3}{\rho_\nu^2} \frac{\xi_\nu (A\xi_\nu^2 + B\eta_\nu^2 + C\zeta_\nu^2)}{\rho_\nu^3} \right. \\
&\left. - \frac{5}{2} \frac{P^5}{\rho_\nu^4} \frac{\xi_\nu (A\xi_\nu^2 + B\eta_\nu^2 + C\zeta_\nu^2)}{\rho_\nu^3} + \frac{P^5}{\rho_\nu^4} \frac{A\xi_\nu}{\rho_\nu} \right\}, \\
v = By - \sum &\left\{ \frac{5}{2} \frac{P^3}{\rho_\nu^2} \frac{\eta_\nu (A\xi_\nu^2 + B\eta_\nu^2 + C\zeta_\nu^2)}{\rho_\nu^3} \right. \\
&\left. - \frac{5}{2} \frac{P^5}{\rho_\nu^4} \frac{\eta_\nu (A\xi_\nu^2 + B\eta_\nu^2 + C\zeta_\nu^2)}{\rho_\nu^3} + \frac{P^5}{\rho_\nu^4} \frac{B\eta_\nu}{\rho_\nu} \right\}, \\
w = Cz - \sum &\left\{ \frac{5}{2} \frac{P^3}{\rho_\nu^2} \frac{\zeta_\nu (A\xi_\nu^2 + B\eta_\nu^2 + C\zeta_\nu^2)}{\rho_\nu^3} \right. \\
&\left. - \frac{5}{2} \frac{P^5}{\rho_\nu^4} \frac{\zeta_\nu (A\xi_\nu^2 + B\eta_\nu^2 + C\zeta_\nu^2)}{\rho_\nu^3} + \frac{P^5}{\rho_\nu^4} \frac{C\zeta_\nu}{\rho_\nu} \right\}.
\end{aligned}\right\} \quad (8)$$

ここで，和は領域 G の内部に存在するすべての球に対して取り，

$$\begin{aligned}
\xi_\nu &= x - x_\nu, \\
\eta_\nu &= y - y_\nu, \\
\zeta_\nu &= z - z_\nu, \\
\rho_\nu &= \sqrt{\xi_\nu^2 + \eta_\nu^2 + \zeta_\nu^2}
\end{aligned}$$

と置いた．x_ν, y_ν, z_ν は球の中心の座標である．さらに，式 (7), (7a) から，高次の無限小の量まで含めたとき，それぞれの球が存在することにより，単位時間あたりの熱の発生は $2\delta^2 k\Phi$ だけ減少し[22]，また領域 G の内部で単

位体積ごとに熱に変化するエネルギーは
$$W = 2\delta^2 k - 2n\delta^2 k\Phi$$
すなわち,
$$W = 2\delta^2 k(1-\varphi) \tag{7b}$$
であると結論される.ここで,φ は多数の球が占める全体積を表す.

式(7b)から,液体と球とが,不均一に混じりあったもの(以下,簡単に"混合物"と呼ぶ)の粘性係数は,液体の粘性係数 k よりも小さいように思われる[23].しかし,そうではない.というのは,A, B, C は式(8)で表された液体運動の膨脹の主軸の値ではないからである.そこで混合物の膨脹の主軸を A^*, B^*, C^* と呼ぼう.対称性により,混合物の膨脹の主軸方向は,膨脹の主軸 A, B, C の方向,すなわち座標軸と平行であることがわかる.式(8)を,
$$u = Ax + \sum u_\nu,$$
$$v = By + \sum v_\nu,$$
$$w = Cz + \sum w_\nu$$
と書くと,
$$A^* = \left(\frac{\delta u}{\delta x}\right)_{x=0} = A + \sum \left(\frac{\delta u_\nu}{\delta x}\right)_{x=0} = A - \sum \left(\frac{\delta u_\nu}{\delta x_\nu}\right)_{x=0}$$
を得る.個々の球について,それに隣接する領域を除外すると,u, v, w に対する表式の〔中の和の〕第2項,および第3項を省略することができて,$x = y = z = 0$ に対して

$$\left.\begin{aligned}
u_\nu &= -\frac{5}{2}\frac{P^3}{r_\nu^2}\frac{x_\nu(Ax_\nu^2+By_\nu^2+Cz_\nu^2)}{r_\nu^3}, \\
v_\nu &= -\frac{5}{2}\frac{P^3}{r_\nu^2}\frac{y_\nu(Ax_\nu^2+By_\nu^2+Cz_\nu^2)}{r_\nu^3}, \\
w_\nu &= -\frac{5}{2}\frac{P^3}{r_\nu^2}\frac{x(Ax_\nu^2+By_\nu^2+Cz_\nu^2)}{r_\nu^3}
\end{aligned}\right\} \quad (9)^{[24]}$$

を得る．ここで，
$$r_\nu = \sqrt{x_\nu^2+y_\nu^2+z_\nu^2}$$
である．和は，座標の原点に中心のある，きわめて大きな半径 R をもつ球 K の体積全体にわたって取る．さらに，不規則に分布する球を，均一に分布するものとみなし，和を積分に置き換えると，[25]

$$\begin{aligned}
A^* &= A - n\int_K \frac{\delta u_\nu}{\delta x_\nu}dx_\nu dy_\nu dz_\nu \\
&= A - n\int \frac{u_\nu x_\nu}{r_\nu}ds
\end{aligned}$$

を得る．最後の積分は球 K の表面全体について取る．(9) を考慮すると，

$$\begin{aligned}
A^* &= A - \frac{5}{2}\frac{P^3}{R^6}n\int x_0^2(Ax_0^2+By_0^2+Cz_0^2)ds \\
&= A - n\Big(\frac{4}{3}P^3\pi\Big)A = A(1-\varphi)
\end{aligned}$$

となることがわかる．同様に
$$B^* = B(1-\varphi),$$
$$C^* = C(1-\varphi)$$

となる.
$$\delta^{*2} = A^{*2} + B^{*2} + C^{*2} \text{[26]}$$
と置き,高次の無限小を省略すると,
$$\delta^{*2} = \delta^2(1-2\varphi)$$
となる.単位時間および単位体積ごとに発生する熱に対しては次式を得る.
$$W^* = 2\delta^2 k(1-\varphi).^{[27]}$$
混合物の粘性係数を k^* で表すと,
$$W^* = 2\delta^{*2} k^*$$
となる.これら三つの式から,高次の無限小の量を無視すると,
$$k^* = k(1+\varphi)^{[28]}$$
を得る.かくして次の結果が得られる.

液体中に微小な剛体球が浮かんでいるとき,粘性係数は,単位体積内に浮かぶ球の全体積がきわめて小さいという条件のもとで,球の全体積に等しい割合だけ増加する[29].

3. 溶媒にくらべて大きな分子体積をもつ溶質の体積について

溶液中で解離しない物質を溶かした希薄な溶液を考えよう.溶けている物質の分子は,溶媒の分子よりも大きいものとし,それを半径 P の剛体球と考えよう.このとき第2節で得た結果を応用することができる.溶液の粘性係数を k^* とし,純粋な溶媒のそれを k とすると,

$$\frac{k^*}{k} = 1+\varphi \quad [30]$$

となる．ここで，φ は溶液の単位体積中に存在する分子の全体積である．

1% の砂糖水溶液について φ を求めたい．ブルクハルトの観測によれば（ランドルトおよびベルンシュタインの『数値表』），砂糖の 1% 水溶液では，$k^*/k = 1.0245$（摂氏 20°）であるから，（ほぼ正確に）0.01 グラムの砂糖に対し，$\varphi = 0.0245$ である．つまり水に溶けた 1 グラムの砂糖は，粘性係数に対し，全体積が $2.45\,\mathrm{cm}^3$ の浮遊する微小な剛体球と同じ影響を及ぼす[31]．この考察では，溶けた砂糖によって生じる浸透圧が，溶液の粘性に及ぼす影響は無視している．

固体の砂糖 1 グラムの体積は $0.61\,\mathrm{cm}^3$ であることを思い出そう．砂糖水溶液を，水と，溶解した砂糖との混合物と考えれば，溶液中に存在する砂糖の比体積 s に対してもそれと同じ体積が得られる．つまり，1% 砂糖水溶液の密度（同じ温度の水に対して）は，17.5° のときに 1.00388 である．したがって（4° と 17.5° の水の密度差を無視すると），

$$\frac{1}{1.00388} = 0.99 + 0.01s$$

であるから，

$$s = 0.61$$

を得る．

このように砂糖水溶液は，密度という点では，水と，固体である砂糖との混合物のように振る舞うが，粘性係数への影響は，同量の砂糖が浮遊している場合に対して得られた結果よりも4倍大きい[32]．分子論の観点からすると，この結果を解釈するためには，溶液中の砂糖分子は隣接する水の運動を妨げ，結果として，砂糖分子の体積よりもおよそ3倍ほど大きな体積の水が，その砂糖分子に付着していると考えるしかないようにわたしには思われる[33]．

したがって，溶解した砂糖分子（すなわち，砂糖分子に付着した水をひっくるめた分子）は，流体力学的には，体積 $2.45 \times 342/N$ cm^3 の球のように振る舞うということができる．ここで，342は砂糖の分子量，N は1グラム分子中に存在する実際の分子の数を表す[34]．

4. 溶液中で解離しない物質の拡散について

第3節で論じたような種類の溶液を考えよう．分子を半径 P の球と考え，それに力 K が作用すると，その分子は速度 ω で動き，その速度は P と溶媒の粘性係数 k によって決まる．実際，このとき次の式が成り立つ．(3)

$$\omega = \frac{K}{6\pi k P} \tag{1}$$

この関係を用いて，解離しない溶液の拡散係数を計算する．p を解けている物質の浸透圧——そのような希薄溶液

---

(3) G. Kirchhoff, *Vorlesungen über Mechanik*, 26. Vorl. の式 (22)．

中で運動を引き起こす唯一の力——とすると,単位体積あたりの溶液に含まれる溶質に作用する力の X 軸成分は,$-\delta p/\delta x$ に等しい.単位体積中に ρ グラムの溶質が含まれるとし,m を溶けている物質の分子量,N を1グラム分子中に含まれる実際の分子の個数とすると,単位体積中に含まれる(実際の)分子の個数は,$(\rho/m)\cdot N$,濃度勾配のために分子に作用する力は,

$$K = -\frac{m}{\rho N}\frac{\delta p}{\delta x} \tag{2}$$

である.溶液が十分希薄なら,浸透圧は,

$$p = \frac{R}{m}\rho T \tag{3}$$

で与えられる.ここで T は絶対温度,$R = 8.31 \times 10^7$ である.式 (1),(2) および (3) から,溶質の移動速度に対して,

$$\omega = -\frac{RT}{6\pi k}\frac{1}{NP}\frac{1}{\rho}\frac{\delta p}{\delta x}$$

を得る.

最後に,単位時間ごとに単位面積を通って X の方向に移動する溶質の量は,

$$\omega\rho = -\frac{RT}{6\pi k}\cdot\frac{1}{NP}\frac{\delta p}{\delta x} \tag{4}$$

である.したがって拡散係数 D に対しては,

$$D = \frac{RT}{6nk}\cdot\frac{1}{NP}\text{[35]}$$

を得る.このように,拡散係数と溶媒の粘性係数とから,1グラム分子中にある実際の分子の個数 N と流体力学的な有効分子半径 P との積を求めることができる.

ここでは,浸透圧は個々の分子に作用するものとして扱ったが,それは明らかに分子運動論の考え方には合わない.なぜなら,今の場合——分子運動論の観点に立つなら——浸透圧は,見かけの力にすぎないと考えなければならないからである.しかし,溶液内の濃度差に相当する(見かけの)浸透圧は,個々の分子に逆向きにはたらく,数値的にはそれと等しい大きさの力によって,(力学的)平衡に保たれていると考えれば,この困難はなくなる.そのことは熱力学の方法で容易に示すことができる.

単位質量に作用する浸透圧 $-\dfrac{1}{\rho}\dfrac{\delta p}{\delta x}$ と,$-P_x$ という(個々の溶質分子にはたらく)力とは,

$$-\frac{1}{\rho}\frac{\delta p}{\delta x} - P_x = 0$$

が成り立つときに相殺する.

したがって,(単位質量ごとの)溶質に,互いに打ち消し合う二つの力,P_x および $-P_x$ を考えると,$-P_x$ は浸透圧と相殺し,運動の原因としては,浸透圧と数値的に等しい P_x だけが残る[4].

---

(4) この考え方の詳細は *Ann. d. Phys.* 17 (1905), 549 に示した [本書収録の論文2,207 ページも参照のこと].

5. 得られた関係式を用いて分子の大きさを求める

第3節では次の式を得た.

$$\frac{k^*}{k} = 1+\varphi = 1+n\cdot\frac{4}{3}\pi P^3.^{[36]}$$

ここで n は単位体積あたりに含まれる溶質分子の数, P は流体力学的な分子の有効半径である. ρ を単位体積中にある溶質の質量, m をその分子量とすると,

$$\frac{n}{N} = \frac{\rho}{m}$$

が成り立つことを考慮して,

$$NP^3 = \frac{3}{4\pi}\frac{m}{\rho}\left(\frac{k^*}{k}-1\right)^{[37]}$$

を得る. 他方, 第4節で

$$NP = \frac{RT}{6\pi k}\frac{1}{D}$$

を得た. これら二つの式から, P と N を計算することができる. このうち N は, もしもわれわれの理論が事実に合っているならば, 溶媒の性質, 溶質, 温度に無関係でなければならない.

砂糖の水溶液について計算してみよう. 上に報告した砂糖水溶液の粘性係数のデータから, 20° で

$$NP^3 = 200^{[38]}$$

となる.

グレアムの実験によれば(計算はシュテファンによる), 水のなかでの砂糖の拡散係数は, 一日を時間の単位とし

て，摂氏 9.5° で 0.0135 である．このデータは 10% 溶液を用いて得られたものであり，われわれの式がそのような高い濃度でも正確に成り立つとは期待できないが，それでもこれを拡散係数に対するわれわれの式に代入してみよう．すると，

$$NP = 2.08 \times 10^{16}$$

を得る．

9.5° と 20° での P の差を無視すると，NP^3 と NP とに対して得られた値から

$$P = 9.9 \times 10^{-8} \text{ cm},$$
$$N = 201 \times 10^{23}$$

となる．

N に対して得られた値は，他の方法で得られた値と，桁まではよく一致する[39]．

ベルン，1905 年 4 月 30 日

編者注
[1] 最後の等式に k の因子が抜けている．式を区切るカンマも抜けている．このミスは Albert Einstein, "Eine neue Bestimmung der Moleküldimensionen," *Ann. d. Phys.* 19 (1906), pp. 289-305 において訂正された．この文献を以下，Einstein 1906 とする．$\frac{\delta}{\delta}$ は，偏微分（今日の $\frac{\partial}{\partial}$）を表すことに注意しよう．
[2] 右辺の分母は，正しくは $\delta\xi^2$．この間違いは Einstein 1906 で訂正されている．
[3] 右辺第一項の分母は，正しくは $\delta\xi^2$．この間違いは Einstein

1906 で訂正されている．アインシュタイン・アーカイブにあるこの論文の別刷りには，アインシュタインの手になる欄外や行間への書き込みがあり，そのうちの一番目のものはこの部分と，その次の式に言及したものである．V の式の右辺に加えられた $+g\dfrac{1}{\rho}$ の項は，その後抹消．こうした欄外や行間への書き込みは，計算ミスを見つけようというアインシュタインの努力の一端だろうが，見落としがあった．以下の注 13 を参照のこと．

[4] u' に対する式は，$u' = -2c\dfrac{\delta\frac{1}{\rho}}{\delta\xi}$ が正しい．このミスは Einstein 1906 で訂正されている．注3で述べた別刷りには，ξ に関する一階微分が二階微分に変更されたのち，一階微分に戻されている．そのページの下の余白には，次の書き込みがある．
$$b = -1/12 P^5 a,$$
$$c = -5/12 P^3 a,$$
$$g = 2/3 P^3 a.$$

[5] 波括弧 { } 内の最後の項の分子は，正しくは $\delta^2(1/\rho)$．Einstein 1906 で訂正されている．

[6] $\dfrac{\delta n}{\delta \xi}$ は $\dfrac{\delta p}{\delta \xi}$ とすべき．アインシュタインの *Untersuchungen über die Theorie der 'Brownschen Bewegung'* (ed. Reinhold Fürth. Ostwald's Klassiker der exakten Wissenschaften, no. 99. Leipzig: Akademische Verlagsgesellschaft, 1922) で訂正されている．この文献は以下，Einstein 1922 として引用する．

〔166 ページ訳注：全体にかかる因子は $5/3 P^3$ が正しい．〕

[7] 最初の括弧の前の因子 $-\dfrac{5}{2}\dfrac{P^3}{\rho^6}$ の ρ^6 は，正しくは ρ^5．この間違いは Einstein 1906 で訂正されている．

[8] これらの式は $u = U, v = V, w = W$ が正しい．

[9] $X\xi, X\eta, X\zeta$ は (Y と Z についても)，Einstein 1906 で訂正されているように，X_ξ のように下付き添字とすべき．

[10] アインシュタインの別刷り (注3参照) では，第一の式の右辺

に，$+\dfrac{5}{6}P^3\dfrac{A\xi}{\rho^3}$ という項がつけ加えられている．第二，第三の式の最後の項の後に，ドット（…）がつけ加えられている．こうした行間の書き込みは，おそらく注3に示された，余白の計算と関係があるのだろう．

[11] アインシュタインの別刷り（注3参照）では，この式の右辺に $+5kP^3\dfrac{1}{\rho^3}$ という項がつけ加えられている．この行間の書き込みは，注3に示された，余白の計算と関係があるのだろう．

[12] アインシュタインの別刷り（注3参照）では，この式の右辺に $-\dfrac{5}{3}kP^3 A\left(\dfrac{1}{\rho^3}-9\dfrac{\xi}{\rho^5}\right)$ という項がつけ加えられている．この行間の書き込みは，注3に示された，余白の計算と関係があるのだろう．

[13] この式，および次の式は正しくない．小さなミスは別にしても，数値的な因子による計算ミスが含まれている．Einstein 1906 で，X_ζ の式の最後の項の前の $+25$ は，-25 に変更されている．アインシュタインの別刷り（注3参照）では，この式の右辺の最後の項に含まれる ζ^2 は，$\xi\zeta$ に訂正されており，X_η の式の右辺の最後の項の中の括弧の前にある η^2 の因子は，$\xi\eta$ に訂正されている．これらの式，およびそこから引きだされる式には，ほかにも計算ミスがあり，"Berichtigung zu meiner Arbeit: 'Eine Neue Bestimmung der Moleküldimensionen,'" *Collected Papers*, vol.3, doc.14, pp.416-417 で訂正されている．Einstein 1922 所収のこの論文の本文には，これらの訂正が含まれている．訂正された式は以下の通り．

$$X_\eta = +5kP^3\dfrac{(A+B)\xi\eta}{\rho^5}$$
$$-25kP^3\dfrac{\xi\eta(A\xi^2+B\eta^2+C\zeta^2)}{\rho^7},$$
$$X_\zeta = +5kP^3\dfrac{(A+C)\xi\zeta}{\rho^5}$$
$$-25kP^3\dfrac{\xi\zeta(A\xi^2+B\eta^2+C\zeta^2)}{\rho^7}.$$

[14] -10 は -5, 25 は 20 が正しい(注13参照).
[15] 3番目の + 記号は,Einstein 1922 で訂正されたように,= が正しい.-10 は -5, 20 は 15 が正しい(注13参照).
[16] アインシュタインの別刷りでは(注3参照),4/15 は 8/15 に変更されたのち,4/15 に戻されている.
[17] 4/15 は,アインシュタインの別刷りで訂正されているように(注3参照),8/15 が正しい.
[18] この式は以下の式が正しい(注13参照).
$$W = 8/3\pi R^3 k\delta^2 + 4/3\pi P^3 k\delta^2$$
$$= 2\delta^2 k(V + \Phi/2)$$
[19] δ は δ^2 であるべき.この訂正はアインシュタインの別刷り(注3参照)で行われている.
[20] 式(7)に対する訂正から,散逸エネルギーの増加分は実際にはこの半分であることがわかる.本文の記述は,Einstein 1922 では,一部のみ訂正されたにすぎない.量は正しく与えられたが,相変わらず減少として記述されている.このパラグラフの最後のセンテンスは,もはや正しい計算には当てはまらず,Einstein 1922 では削除されている.
[21] その点の位置は,Einstein 1906 で訂正されているように,正しくは x_ν, y_ν, z_ν.
[22] 単位時間あたりの熱生成量は,実際には $\delta^2 k\Phi$ だけ増加する.したがって正しい式は(注13参照),$W = 2\delta^2 k + n\delta^2 k\Phi$ および $W = 2\delta^2 k(1 + \Phi/2)$ である.
[23] 以下の二つのセンテンスは,Einstein 1922 で次のように改訂されている.「式(7b)から,われわれの吟味している液体と浮遊する球との均質ではない混合物(以下では簡単に"混合物"と呼ぶ)の粘性係数を計算するために,さらに A, B, C は式(8)に示されている流体運動の主軸方向の膨張の値ではないということを考慮に入れなければならない.混合物の主軸方向の膨張を,A^*, B^*, C^* としよう.」
[24] (9)の3式において,= の後の符号は,+ が正しい.3番目の式では,分子に含まれる x は,x_ν が正しい.後者の点は,Ein-

stein 1906 で訂正されている．
- [25] 右辺の 2 番目の項の前にある因子は，5/2 である（Einstein 1906 参照）．第二式を導くにあたり，アインシュタインは 170-171 ページにかけての式と，$A+B+C=0$ であることを用いた．
- [26] アインシュタインの別刷り（注 3 参照）では，この式の右辺に $=A^2+B^2+\delta^2(1-2\varphi)$ がつけ加えられ，その後，線を引いて抹消されている．
- [27] 正しい式は（注 13 参照），$W^*=2\delta^2 k(1+\varphi/2)$．
- [28] 正しい式は（注 13 参照），$k^*=k(1+2.5\varphi)$．
- [29] その比率は実際には浮遊する球の全体積の 2.5 倍である（注 13 参照）．
- [30] 正しい式は（注 13 参照），$k^*/k=1+2.5\varphi$．
- [31] 正しい値は $0.98\,\mathrm{cm}^3$（注 13 参照）．続く一文は，Einstein 1906 では省略されている．
- [32] 粘性は実際には 1.5 倍だけ大きい（注 13 参照）．
- [33] 砂糖分子 1 個のまわりに付着している水の量は，実際には砂糖分子の体積の半分の体積をもつ（注 13 参照）．水と分子の集合体が存在するかどうかは，当時議論になっていた．
- [34] 球の体積は，実際には $0.98\times 342/N\,\mathrm{cm}^3$ である（注 13 参照）．
- [35] 最初の分子は，Einstein 1906 で訂正されたように，$6\pi k$ が正しい．この式は，1905 年に同様の議論により，ウィリアム・サザーランドによって独立に得られた．アインシュタインは，この式を使って分子の大きさを求めるというアイディアを，早くも 1903 年ごろには得ていた可能性がある．
- [36] 正しい式は（注 13 参照），$\dfrac{k^*}{k}=1+2.5\varphi=1+2.5n\dfrac{4}{3}\pi P^3$．
- [37] 正しい式は，右辺にさらに 2/5 の因子が加わる（注 13 参照）．
- [38] 実験データについては 177 ページを参照．正しい値は 80 である（注 13 参照）．
- [39] 正しい式を用いて得られる値は（Einstein 1922 参照），$P=6.2\times 10^{-8}\,\mathrm{cm}$，および $N=3.3\times 10^{23}(/\mathrm{mol})$．

II

ブラウン運動への取り組み

チューリヒ工科大学の学生時代，またはその後まもない時期の
アインシュタイン（エルサレム，ヘブライ大学提供）

アインシュタインによるブラウン運動の研究は，熱の分子運動論に関する研究の長い伝統のなかでも，また彼がその分野になした貢献のなかでも，ひとつの頂点をなすものである．その仕事の直接的影響のなかには，20世紀物理学の進路を左右するほどのものもあった．当時はまだ原子の物理的実在性に懐疑的な人たちが多かったが，アインシュタインがブラウン運動を支配する法則を導き出し，その法則がペランらの実験で証明されると，懐疑的だった人たちも考えを変えた．ブラウン運動に関するアインシュタインの論文は，ゆらぎの研究が，れっきとした物理学の新分野になるのを助けた．また，彼が研究のなかで生み出した手法は，後年，シラードらが発展させる統計的熱力学，および確率過程の一般論への道を準備するものだった．

少なくとも19世紀の半ばを過ぎてからは，物理学者や化学者のなかには原子仮説を受け入れる者が増えていた．物質は原子や分子で構成されているとする原子仮説は，物理と化学の両分野で観測される多様な現象のあいだに，マクロな観点だけからでは予想できない関係がたくさんあることをほのめかしていた．しかも，さまざまな方法で分子の大きさを求めてみると，それらの結果はしばしば驚くほど高い精度で互いに一致した．だが，原子の物理的実在性となると，19世紀の末になってもなお，広く受け入れられていたわけではなかった．当時はまだ，ヴィルヘルム・オストヴァルトやゲオルク・ヘルムらが強硬に原子仮説に反対していた．彼らは自ら"エネルゲティーク（エネルギ

——一元論者)"と名乗り,エネルギーこそは,科学のもっとも基本的な存在論的概念だとする立場を明らかにしていた.一方,たとえばエルンスト・マッハのように,感覚によって直接的には経験できないもの——とくに原子——の実在性には反対しつつも,原子論には発見法的ないし教育的な利用価値があることを認める人たちもいた.普段の研究では公然と原子仮説を使っている科学者のなかにさえ,原子論は単なる作業仮説にすぎないと考えている者は,けっしてめずらしくはなかったのである.

20世紀に入ると,金属の電子論や立体化学といった新しい分野では,原子仮説の発見法的な価値が証明されたが,熱学の分野では,原子仮説はもはや役に立たないと考える物理学者たちもいた.アインシュタインが熱の原子論をめぐる論争のことを知ったのは,学生時代にマッハ,オストヴァルト,ボルツマンの仕事を勉強したときのことだったろう.彼はボルツマンの『気体論』(1896/98年)を,1900年に読了している.ボルツマンはその本のなかで,おそらくはオストヴァルトやヘルムとの論争を踏まえて,分子運動論を擁護する自分は孤立しているとほのめかした.アインシュタインは,ボルツマンが自分の作った理論と観測との比較を軽んじることには批判的だったが,ボルツマンの理論の基本的な正しさは強く確信していた.

アインシュタインは,研究者としての自立を目指して発表した初期の論文で,物質と電気が原子的要素でできているのは自明のこととしている.彼は分子間力に関する理論

を作り，観測されていた多くの現象のあいだの関係性を明らかにした．まもなくアインシュタインの関心は，分子間力の研究から別の方面へと移っていった．彼が後年，この時期の仕事の性格について語ったところによれば，彼が新たに関心を向けたのは，「ある大きさをもつ原子の実在性に，できるだけ確かな裏づけを与えるような」事実を探し出すことだった[1].

液体中に浮かぶミクロな粒子が不規則な運動をすることは，1828年に植物学者のロバート・ブラウンが精密な観察結果を発表するよりだいぶ前から知られていた．しかし，それがごくありふれた現象であることを強調し，生命現象だという説明を退けたのは，ブラウンが最初だった．観察技術の向上と理論の進展により，19世紀の末までには，ブラウン運動に関する不十分な説明が多数排除された——だが，どれが正しい理論かを示すことはできなかった．生命力では説明できないことが示されて以来，ブラウン運動の原因として提唱されたものには，毛細管現象，対流，蒸発，光との相互作用，電気的な力などがある．1870年代には，熱の分子運動論を，ブラウン運動の説明として提唱する人たちがいた．しかし1879年に，細胞学者のカール・フォン・ネーゲリが，分子運動論による説明に有力な反論を打ち出した．ネーゲリは，エネルギー等分配則を用いて液体分子の平均速度を計算したのち，液体分子と，液体中の懸濁粒子とは弾性衝突をするものと仮

定して，懸濁粒子の速度を求めた．そして，懸濁粒子は質量が比較的大きいために，その速度は小さくほとんどゼロになるという結論を得たのだった．ウィリアム・ラムゼーとルイ=ジョルジュ・グーイは互いに独立に，液体中では多数の原子が集団運動を行うという，ネーゲリの論証を反駁するのに都合のよい仮定を置き，分子運動論によるブラウン運動の説明を擁護しようとした．

1900年にはフェリックス・エクスナーが，熱の分子運動論をブラウン運動に応用する，まったく新しい方法を詳しく検討した．エクスナーは，液体分子と，液体中に浮かぶ懸濁粒子とのあいだでエネルギー等分配則が成り立つものと仮定した．そして，懸濁粒子の平均速度を与えるものと彼が解釈した観測結果を用いて，液体分子の速度を計算した．するとその値は，当時，液体分子の速度として推定されていた値と合わなかったのだ．エクスナーの仕事では，溶媒分子と懸濁粒子に根本的な違いはないものとされている．アインシュタインも同様の結論に達したが，彼はブラウン運動の解析を行うにあたり，等分配定理に力点をおくのではなく，むしろ浸透圧と，拡散理論および熱の分子運動論と浸透圧との関係から出発した．彼はその論文のなかで，次のように述べた．「それによれば，溶解分子と懸濁物体との違いは，ただ大きさのみであり，それゆえ懸濁物体が，それと同数の溶解分子と同じ大きさの浸透圧を生じさせないとは考えにくい」(207ページ参照)

一方，"古典熱力学"によれば，マクロな物体である懸

濁粒子は，半透膜に浸透圧を及ぼさないはずだ，とアインシュタインは指摘した．彼以前には，懸濁粒子が浸透圧を生じさせるかどうかが，分子運動論の試金石になると気付いた者はいなかったようだ．アインシュタインが，古典熱力学と原子論的な熱学との関係性を調べるために懸濁液を選んだことは，この分野のものの見方を完全に逆転させた．普通は，マクロな熱力学から導かれた結果を，ミクロな観点から説明することの妥当性が問われた．しかしこの場合の問題は，熱力学的な概念——すなわち浸透圧——が，懸濁粒子に通用するかどうかだった．

19世紀の化学では，懸濁粒子と溶媒分子とを区別するのが普通だった．しかしコロイド溶液の研究が進展するうちに，その区別はそれほど重要ではなくなっていった．そして1902年，両者のあいだに本質的な違いはないことが誰の目にも明らかになった．その年，新しく発明された超顕微鏡を使って観察を行ったところ，さまざまなコロイド溶液の構成要素を，ひとつひとつ見分けることができたのだ．超顕微鏡は，コロイド粒子の物理的実在性をはっきりと見せつけたのみならず，不規則な運動は，コロイド粒子の顕著な特徴のひとつであることも明らかにした．

超顕微鏡は，ジャン・ペランが，分子の"遠い実在性"と呼んだものを近くに引き寄せたが，分子の基本的属性のひとつである速度には，あいかわらず測定の手は届かなかった．分子の速度の測定値とされていたもの——たとえばエクスナーの測定結果——に一貫性がないことは，実は

速度は測定されていないという可能性を示唆していた．しかし，その問題が扱われたのは，アインシュタインとスモルコフスキーが 1905 年から 1907 年までのあいだに互いに独立に発表した，ブラウン運動に関する理論的研究の論文が最初だった．ブラウン運動で観測される量として二人が理論に導入したのは，懸濁粒子の平均 2 乗変位だった．アインシュタインは，懸濁粒子の速度の大きさと向きは，散逸力のために非常に短い時間で変化するので，速度を測定することはできないと論じた．その論法から明らかなように，アインシュタインによるブラウン運動の解析では，散逸が根本的な役割をはたしている．

　以上の話をまとめておこう．ブラウン運動に対するそれ以前の説明からわかるように，アインシュタインの方法は，次の三つの点で決定的に重要な前進を遂げた．(1) 等分配則にではなく，浸透圧にもとづいて分析を行ったこと．(2) 観測できるのは懸濁粒子の速度ではなく，平均 2 乗変位であるとしたこと．(3) 熱の分子運動論とマクロな散逸理論という二つの概念的道具を，前者は分子スケールの現象に，後者はマクロなスケールの現象にと，別々に用いるのではなく，ひとつの現象にふたつの道具を同時に用いたこと．

　1905 年の晩春に，アインシュタインはコンラート・ハビヒトに宛てた手紙のなかで，ブラウン運動の論文（論文 2）では，次の結論が得られたと述べた．「熱の分子運動論

によると，液体中に浮かぶ 1/1000 mm 程度の大きさの物体は，熱運動のために観測可能なランダムな運動を行っている」．アインシュタインはこの論文を，「ブラウン運動はだいぶ前から観測されており，広く知られた現象であることをまったく知らずに」書いた[2]．実際，彼は論文のタイトルにブラウン運動という言葉を用いていないが，自分の予測した運動はブラウン運動と言われているものと同じかもしれないとは述べている．アインシュタインは学生時代にボルツマンの『気体論』を注意深く勉強したが，ボルツマンはそのなかで，気体分子の熱運動によって，懸濁粒子が観測可能な運動をすることはないと，きっぱりと否定していた．（アインシュタインは，こういう否定のことを指して，ボルツマンは理論と観測結果との比較を軽視しすぎると批判したのかもしれない．）1902 年から 1905 年までのどこかの時点で，アインシュタインはポアンカレの『科学と仮説』を読んだが，そこにはブラウン運動に関するグーイの仕事が簡潔に論じられており，ブラウン運動は熱力学の第 2 法則を破っているというグーイの論証が重い扱いを受けていた．アインシュタインがブラウン運動に取り組んだふたつめの論文は[3]，ジーデントプフを介して，グーイの仕事を知ったのちに書かれたもので，グーイの観測結果はアインシュタインの結果を定量的に裏付けるものとして引用されている．

論文 2 ではまずはじめに，拡散係数を，懸濁粒子の半径，液体の温度，および液体の粘性によって表す式が導か

れる．その式はアインシュタインの博士論文ですでに得られていたが，博士論文での導出方法とは異なり，アインシュタインが生み出した統計物理学の方法が用いられている．新しい方法は，次の二つの点において，博士論文のものと異なる．

1. 博士論文では懸濁液ではなく溶液を扱い，アインシュタインは，その場合には浸透圧に関するファント・ホフの法則が成り立つと仮定するだけですませた．しかしこのたびの論文では，統計力学から導かれる懸濁粒子の自由エネルギーを表す式から，ファント・ホフの法則を導いている．
2. 1個の粒子に作用する複数の力が釣り合っているものと考えてすませるのではなく，アインシュタインは熱力学的な論証により，浸透圧と，ストークスの法則に従う摩擦力とが釣り合っていることを示した．

アインシュタインはつぎに拡散方程式を導くが，その基礎となるのが，変位に関する確率分布の導入である．アインシュタインがそれを理論に導入したのは，それまでの仕事で確率分布を用いたことがあったためだろう．彼は，観測時間とくらべれば短いが，引き続く二つの時間間隔での懸濁粒子の運動が互いに無関係だといえるぐらいには長い時間間隔を考えることができると仮定した．そう仮定すれ

ば，懸濁粒子の変位は，その時間間隔で移動する距離に関する，粒子の個数の確率分布で表すことができる．そしてアインシュタインは，変位の確率分布から導かれた粒子分布の時間依存性から，拡散方程式を導いた．彼がこの方法で拡散方程式を導くことができたのは，マクロな拡散を引き起こしているミクロの過程として，ブラウン運動が一役演じているに違いないという，決定的な洞察のおかげだった．この方法にくらべれば，気体分子運動論による拡散の取り扱いとの類推にもとづく方法は，液体の分子運動論がまだ未熟な状況では，不十分で問題も多いとアインシュタインには思われたのだろう．

こうして得られた拡散方程式の解と，拡散係数に対してアインシュタインが与えた式とから，時間の関数としての平均2乗変位 λ_x の式が得られる．

$$\lambda_x = \sqrt{t}\sqrt{\frac{RT}{N}\frac{1}{3\pi kP}}. \tag{1}$$

ここで，t は時間，R は気体定数，T は温度，k は粘性，P は懸濁粒子の半径である．アインシュタインは，この式を利用すれば実験でアヴォガドロ数 N を求めることができるだろうと述べた．

アインシュタインはそれまでの仕事を通して，ブラウン運動を解析するために必要なテクニックと，気体と液体，両方の場合の拡散理論を熟知していた．1902年，彼は熱力学の議論で用いられる半透膜の代わりに，外から加えられる保存力を用いる方法を提案した．その方法は，任意

の混合物を扱うときには,とくに役に立つと彼は述べた.
1903年には,アインシュタインは半透膜と浸透圧についてミケーレ・ベッソと手紙で論じ合い,半透膜のメカニズムに関するサザーランドの仮説に興味を示している.統計物理学に関するいくつかの論文では,アインシュタインは外から加えられる保存力というアイディアを一般化して,統計物理学ではゆらぎが大きな役割を果たすと述べた.1904年には,系のエネルギーの平均値から,平均2乗変位に対する表式を導いている.

　アインシュタインがブラウン運動に関する初期の論文を発表するころまでには,ブラウン運動を実験で調べるための高度な技術がいくつかあった.とくに注目に値するのは,超顕微鏡と,コロイド溶液を作るための新しい方法が開発されたことである.超顕微鏡ができてまもなく,ジーデントプフとジグモンディは,コロイド溶液中のブラウン運動を観察したが,精密な測定を行ったわけではなかった.1906年に刊行されたエメ・コットンとアンリ・ムトンの『超顕微鏡と超微視的な観察対象』は,ブラウン運動への関心を高め,その分野の研究者たちの目をアインシュタインの理論に向けさせた.テオドール・スヴェドベリは,超顕微鏡と高度な観察テクニックを使って,ブラウン運動は分子の熱運動のために起こるという説を検証するために入念な測定を行った.1906年,スヴェドベリはアインシュタインの理論を検討した結果をまとめ,アインシュ

タインに自分の論文のひとつを送ってブラウン運動について手紙で論じ合った.

スヴェドベリはジグモンディに従い，コロイド粒子の運動には，並進運動と"固有［ブラウン］運動"という二つのタイプがあると仮定した．スヴェドベリはそのうち後者のみに注目し，それに並進運動を重ね合わせるという方法で，ブラウン運動の測定を容易にしようとした．そうして得られた粒子の軌跡を表すために，彼は"シヌソイド様（正弦曲線に似ているという意味）"という用語を用いたが，しかしその運動が振動の性質をもつと考えてはならないと，読者に注意を促した[4]．それにもかかわらず，彼は結果を分析する際，単振動運動を記述するような言葉を用い，観測された"振幅"をアインシュタインの平均2乗変位と結びつけた．スヴェドベリはそれ以前に，観測されたコロイド粒子の速度から，分子の速度を見積もろうとしたことがあった．アインシュタインはある論文のなかで——その論文はおもにスヴェドベリの誤解を正すために書かれたものだったが——超顕微鏡で見える粒子の速度は，等分配定理から計算されたものであって，直接的に観測できるわけではないことを示した[5]．1909年11月11日には，アインシュタインはペランに宛てた手紙に，次のように書いている．「スヴェドベリの観測方法と理論的な手法に間違いがあることにはすぐに気づきました．当時，わたしは小さな部分をひとつだけ訂正する論文を書きましたが，それはもっとも深刻な間違いをそれとなく正すためだ

けにやったことです．S氏がその仕事を喜ぶ気持ちに水を差すようなことは，わたしにはできなかったのです」

スヴェドベリの実験研究には，基礎的な部分に誤解があったのに加え，数値的な結果もアインシュタインの予測とわずかにズレていた．アインシュタインとスモルコフスキーの理論が出た直後に行われた実験的研究には，スヴェドベリの仕事のほかに，フェリックス・エーレンハフトによるエアロゾル粒子の変位に関する観測や，ヴィクトル・アンリが懸濁粒子の変位を測定するためにシネマトグラフを用いたもの，マックス・ゼーディヒによるブラウン運動の温度依存性に関する研究などがあり，それぞれアインシュタインの理論に定性的な裏付けを与えていた．しかしアンリとゼーディヒの仕事をもってしても，理論と定量的な一致が得られなかった．そのため1908年の時点では，分子運動論による解釈は，ブラウン運動に対する唯一の説明として広く受け入れられていたわけではなかった．

アインシュタインは，ゼーディヒとアンリによるシネマトグラフのデータから満足のいく結果を得るためには，温度のコントロールが最大の難関になるだろうと述べた．ジャン・ペランがブラウン運動について決定的な結果を発表するまでは，アインシュタインはそれほど正確な測定ができるとは思っていなかったようである．1908年の7月30日，ヤーコプ・ラウプへの手紙のなかで，アインシュタインはゼーディヒの仕事にはいくつか気がかりな点があったにもかかわらず，かなり力を込めて次のように述べ

ている.「ゼーディヒの論文を読みました. 彼はとても良くやっていると思います. 得られた結果について彼が言っていることについては, わたしにはよくわかりません」. 翌年の11月11日に, アインシュタインはジャン・ペランに宛てて次のように書いた.「ブラウン運動をそれほど精密に調べられるとは思いませんでした. あなたがこの問題に取り組んでくださったことは, このテーマにとって空から降ってきたような幸運です」

ペランは, 一連の実験により (最初の結果を公表したのは1908年の論文) それまで誰にも達成できなかった正確さで, アインシュタインの予測のほとんどすべてを裏付けた. アインシュタインと同じくペランもまた, ファント・ホフが提唱した理想気体と溶液との類似性は, コロイド溶液と懸濁粒子との類似性に拡張できること, そしてその類似性こそは, 原子論の正しさを裏づける証拠をつかむための, またとない方法になるだろうと考えていた. ブラウン運動に関する初期の実験で, ペランは重力の作用を受けた懸濁粒子の, 垂直方向の分布を記述する式を検証した. おそらくペランはランジュヴァンを通じてアインシュタインの理論を知っていただろうが, アインシュタインがすでにそれと同様の分布を記述する式を導いていたことは知らなかったようだ. いくつかの批判に答えるために, ペランは, 自分の実験で用いた粒子の場合に, ストークスの式が成り立つとした仮定の妥当性を検証した. その後, やはり1908年に発表した二つの論文で, ペランはその方法を用

いてアヴォガドロ数を求めた.

　同年, ペランのもとで博士論文のための研究を行っていたショードエグという学生が, アインシュタインの変位の式を実験的に検証する. 上に述べたアンリの結果とは逆に, 結果は理論の予測ときわめて良く一致した. ペランはこういう成功した実験を, 他の学生の協力を得て継続し, 回転的なブラウン運動までも調べることに成功し, それにはアインシュタインも驚いた. 1909年11月11日, アインシュタインはペランに手紙を書き,「回転を測定できるとは思いませんでした. その運動はあまりにも小さすぎて, 測定できないと思っていたのです」と述べた. ペランの成功を支えたのは, 高い精度で粒子のサイズを制御できるエマルジョンを用いたことと, いくつかの実験テクニックを独創的な方法で組み合わせて, 粒子の個数およびその変位を測定したことである. ペランは得られた結果をまとめて総合報告文献や書籍など, さまざまなかたちで発表し, それが原子論の受容に大きな役割を果たした.

　1907年以降, アインシュタイン自身もゆらぎの現象の実験をしてみようとした. コンデンサーの電圧ゆらぎを予測したのを契機に,「電場にブラウン運動に関係する現象がある」ことを裏づける実験的証拠を提供するために, 微小な量の電気を測定できないかどうかを探ったのだ[6]. 1907年7月15日, 彼は友人のコンラート・ハビヒトとパウル・ハビヒトに, 微小な電気的エネルギーを測定する方法を発見した, と手紙で伝えた. それからまもなくハビ

ヒト兄弟は，アインシュタインが提案した測定装置を実際に作ろうとした．しかし1907年の末，アインシュタインはその装置の特許をとるという考えを捨て，12月24日，コンラート・ハビヒトに対して次のような手紙を書いた．「というのは，製造業者はそういう装置に興味がなさそうだからです」．そして特許をとる代わりに，彼は自分の方法の基本的な特徴について論文を書き，それに触発され，彼はまたその装置について研究を行った[7]．その装置を用いてコンデンサーのゆらぎ現象を測定するのは難しいことがわかったが，まもなく他の人たちが実験的研究を行い，物質と電気が原子状の構成要素をもつことを裏づける多くの証拠を得た．その成果は，アインシュタインの当初の予想を超えるほどのものだった．

注

[1] Einstein, *Autobiographical Notes*, Paul Arthur Schilpp, trans. and ed. (La Salle, Ill.: Open Court, 1979), pp.44-45〔中村誠太郎・五十嵐正敬訳『自伝ノート』，東京図書〕．

[2] Ibid.

[3] *Annalen der Physik* 19 (1906): 371-381, reprinted in *Collected Papers*, vol.2, doc.32, 334-344.

[4] Svedberg, *Zeitschrift für Elektrochemie und angewandte physikalische Chemie* 12 (1906): 853-854.

[5] Einstein, in ibid., 13 (1907): 41-42; reprinted in *Collected Papers*, vol.2, doc.40, pp.399-400.

[6] *Annalen der Physik* 22 (1907): 569-572, reprinted in

Collected Papers, vol. 2, doc. 39, pp. 393-396.
[7] *Physikalische Zeitschrift* 9 (1908): 216-217, reprinted in *Collected Papers*, vol. 2, doc. 48, pp. 490-491.

論文 2

熱の分子運動論から要請される，静止液体中に浮かぶ小さな粒子の運動について

この論文では，熱の分子運動論の観点からすると，顕微鏡で見える大きさの物体が液体中に浮かんでいるとき，その物体は分子の熱運動のために，顕微鏡で容易に見えるほどの運動をするということを示す．ここで論じる運動は，いわゆる"ブラウン運動"と同じものかもしれない．しかし，後者についてわたしが知りえたデータは精度が低く，その問題に対して判断を下すことはできなかった．

ここで論じる運動を，それが従うとみられる法則とともに実際に観察することができれば，古典熱力学は，顕微鏡を利用しているとはいえ，目に見える領域ですでに成り立たないと考えなければならず，また，原子の実際の大きさを正確に求めることが可能になる．一方，もしもそのような運動があるという予想が否定されれば，分子運動の観点から熱を捉えることに対する重大な反論となるだろう．

1. 懸濁粒子によって生じる浸透圧について

全体積が V であるような液体中に，体積 V^* の部分があり，そこに z グラム分子の非電解質分子が溶けているものとしよう．その体積 V^* の部分が，溶媒は透過させる

が溶質は透過させないような隔壁によって，純粋な溶媒だけの部分から切り離されているとすると，その隔壁にはいわゆる浸透圧が働く．V^*/z が十分に大きければ，浸透圧は次の式を満たす．

$$pV^* = RTz.$$

ところで，もしもその液体の体積 V^* の部分に，溶質の代わりに，溶媒は透過できる隔壁をやはり通り抜けることのできない，小さな懸濁物体が含まれているとすると，古典熱力学によれば，隔壁にはいかなる力も——この場合に興味のない重力を無視するとして——作用しない．というのは，普通の解釈によれば，この系の"自由エネルギー"は，隔壁や懸濁物体の位置によらず，圧力と温度を別にすれば，懸濁物体，液体，隔壁の，総質量だけで決まると考えられるからである．もちろん，自由エネルギーを求めるためには，境界面のエネルギーとエントロピー（表面張力）を考えなければならないが，今の場合，隔壁や懸濁物体の位置が変化しても，接触面の大きさなどの諸条件は変化しないため，それらは考慮しなくてもよい．

ところが，熱の分子運動論の観点からは，それとは別の解釈が生じる．この理論によれば，溶解分子と懸濁物体との違いは，ただ大きさのみであり，それゆえ懸濁物体が，それと同数の溶解分子と同じ大きさの浸透圧を生じさせないとは考えにくい．懸濁物体は，液体分子の運動のために，ごくゆっくりとながら，液体中で不規則な運動をすると考えなければならない．そして，隔壁のせいで体積 V^*

の外に出られないとすれば，懸濁物体も溶質分子と同じように，隔壁に対して力を及ぼすはずなのである．したがって，体積 V^* の内部に n 個の懸濁物体が存在する，つまり単位体積あたり $n/V^* = \nu$ 個の懸濁物体が存在し，隣り合うもの同士が十分離れているとすれば，次の大きさの浸透圧 p が生じるだろう．

$$p = \frac{RT}{V^*}\frac{n}{N} = \frac{RT}{N}\cdot\nu.$$

ここで，N は，1グラム分子中に含まれる真の分子の個数を表す．次節で示すように，熱の分子運動論は浸透圧に対し，実際にこのような，より広い解釈を与えるのである．

2. 熱の分子運動論の立場からみる浸透圧

$p_1 p_2 \cdots p_l$ [(1)] を，ある物理系の瞬間的状態を完全に決定する状態変数とし（たとえば，その系に含まれるすべての原子の座標および速度成分など），これらの変数の変化を表す完全な方程式の組が，次のように与えられているものとする．

---

(1) この節では，読者は熱力学の基礎に関する筆者の論文 (*Ann. d. Phys.* 9 [1902]: 417; 11 [1903]: 170) の内容を知っているものと仮定する．これらの論文，および本論文の本節で現れる知識がなくとも，本論文の結果は理解することはできる．

$$\frac{\partial p_\nu}{\partial t}\varphi_\nu(p_1\cdots p_l) \quad (\nu = 1, 2, \cdots, l).$$

このとき $\sum \frac{\partial \varphi_\nu}{\partial p_\nu} = 0$ が成り立ち，系のエントロピーは次の式で与えられる．

$$S = \frac{\bar{E}}{T} + 2\kappa \ln \int e^{-\frac{E}{2\kappa T}} dp_1 \cdots dp_l.$$

ここで，T は絶対温度，$\bar{E}$ はこの系のエネルギー，E は p_ν の関数としてのエネルギーを表す．積分はこの問題の諸条件と矛盾しない p_ν のすべての値にわたって行うものとする．κ と先述の定数 N とのあいだには，$2\kappa N = R$ という関係が成り立つ．したがって自由エネルギー F に対して次の式が得られる．

$$F = -\frac{R}{N}T \ln \int e^{-\frac{EN}{RT}} dp_1\cdots dp_l = -\frac{RT}{N} \ln B.$$

さて，体積 V のなかに囲い込まれた液体をイメージしよう．体積 V の一部分である V^* に，n 個の溶質分子ないし懸濁物体が含まれ，半透性の隔壁によって体積 V^* の内部に閉じ込められているとしよう．S および F の表式中の積分 B の範囲は，それに対応したものとなる．溶質分子ないし懸濁物体の総体積は，体積 V^* に比べて小さいとしよう．なお，考察下の理論に従い，この系は状態変数 $p_1\cdots p_l$ によって完全に記述されるものとする．

たとえ分子論的な描像であらゆる細部まで考慮できたとしても，積分 B の計算はきわめて難しいため，F を厳密に求められるとは考えられない．しかし今の場合は，F

が，すべての溶質分子ないし懸濁物体（以下では簡単に"粒子"と呼ぶ）が含まれる部分の体積 V^* に，どのように依存するかがわかりさえすればよい．

第一の粒子の重心の直交座標を x_1, y_1, z_1，第二の粒子の重心の直交座標を x_2, y_2, z_2，最後の粒子のそれを x_n, y_n, z_n とし，各粒子の重心に対し，平行六面体の無限小領域 $dx_1 dy_1 dz_1, dx_2 dy_2 dz_2, \cdots, dx_n dy_n dz_n$ を，すべて体積 V^* の内部に割り当てよう．粒子の重心座標が，たった今，粒子の重心に対して割り当てた領域内にあるという制約のもとで，F の式に含まれる積分の値を見積もりたい．この積分は次の形に表すことができる．

$$dB = dx_1 dy_1 \cdots dz_n \cdot J.$$

ここで，J は，$dx_1 dy_1 \cdots$ にも，V^*，つまり半透壁の位置にもよらない．そればかりか，このすぐあとで証明するように，J は，重心領域の位置の選び方にも，体積 V^* の値の選び方にもよらないのである．つまり，もしも粒子の重心に対して，最初の無限小領域とは位置のみ異なり，大きさも，V^* 内に含まれるという点も同じであるような別の無限小領域の系 $dx_1' dy_1' dz_1', dx_2' dy_2' dz_2' \cdots dx_n' dy_n' dz_n'$ を割り当てれば，同様の式，

$$dB' = dx_1' dy_1' \cdots dz_n' \cdot J'$$

が成り立つ．ここで

$$dx_1 dy_1 \cdots dz_n = dx_1' dy_1' \cdots dz_n'$$

である．したがって，

$$\frac{dB}{dB'} = \frac{J}{J'}$$

となる.

ところが,上に挙げた論文に示したように[2],熱の分子運動論から,dB/B は任意の時刻に粒子の重心が領域 $(dx_1\cdots dz_n)$ にある確率に等しく,dB'/B は同じく領域 $(dx'_1\cdots dz'_n)$ にある確率に等しいことを,容易に示すことができる.もしも個々の粒子の運動が(十分良い近似で)互いに独立であって,液体は均一であり,粒子にはいかなる外力も作用していないとすれば,領域の大きさが等しいのだから,これら2組の領域に粒子が存在する確率は等しい.したがって,次の関係が成り立つ.

$$\frac{dB}{B} = \frac{dB'}{B}.$$

この式と前の式から,

$$J = J'$$

を得る.

ここから,J が V^* にも,$x_1, y_1, \cdots, z_n$ にもよらないことがわかる.積分を実行すると,

$$B = \int J dx_1 \cdots dz_n = JV^{*n}$$

となり,したがって

---

[2] A. Einstein, *Ann. d. Phys.* 11 (1903), p.170.

$$F = -\frac{RT}{N}\{\ln J + n \ln V^*\}$$

および

$$p = -\frac{\partial F}{\partial V^*} = \frac{RT}{V^*}\frac{n}{N} = \frac{RT}{N}\nu$$

となる．

以上の考察より，熱の分子運動論から浸透圧の存在が導かれることと，この理論によれば，同じ個数の溶質分子と懸濁物体とは，希釈度が大きければ，浸透圧に関しては同じ振る舞いをすることが示された．

3. 微小な懸濁球体の拡散理論

粒子が液体中に浮かんでランダムに分布しているものとしよう．それぞれの粒子に，位置には依存するが時間には依存しない力 K が作用しているという仮定のもとで，懸濁粒子の力学的平衡状態について調べよう．話を簡単にするために，力はいたるところで X 軸方向に作用するものとする．

単位体積あたりに浮かぶ粒子の個数を ν とすれば，熱力学的平衡が成り立っているときには，ν は x の関数であって，懸濁物質が任意の仮想変位 δx だけ位置を変えたときに，自由エネルギーの変化はゼロになる．したがって，次の関係が成り立つ．

$$\delta F = \delta E - T \delta S = 0.$$

この液体は，X 軸に垂直に単位面積の断面積をもち，$x =$

0 および $x = l$ の平面で区切られているものとしよう. すると,

$$\delta E = -\int_0^l K\nu\,\delta x\,dx$$

および

$$\delta S = \int_0^l R\frac{\nu}{N}\frac{\partial \delta x}{\partial x}dx = -\frac{R}{N}\int_0^l \frac{\partial \nu}{\partial x}\delta x\,dx$$

を得る. したがって, 要請される平衡条件は,

$$-K\nu + \frac{RT}{N}\frac{\partial \nu}{\partial x} = 0. \tag{1}$$

となる. この式は,

$$K\nu - \frac{\partial p}{\partial x} = 0$$

と書き換えることができる. 最後の式から, 力 K が, 浸透圧の力とたしかに釣り合っていることがわかる.

式 (1) を使って, 懸濁物質の拡散係数を求めよう. 考察下の力学的平衡状態を, 互いに逆方向に進行する, 次の二つのプロセスの重ね合わせと見ることができる.

1. 個々の懸濁粒子に作用する力 K の影響のもとで, 懸濁物質が行う運動.
2. 分子の熱運動のために粒子が行う無秩序運動によって生じる拡散過程.

懸濁粒子が球形（球の半径 P）で, 液体の粘性係数は

k だとすると，力 K により，個々の粒子は次の速度を得る[3].

$$\frac{K}{6\pi k P}.$$

したがって，単位時間あたりに単位断面積を通過する粒子の個数は，

$$\frac{\nu K}{6\pi k P}$$

である.

さらに，D を懸濁物質の拡散係数，μ を粒子1個の質量とすると，拡散によって，

$$-D\frac{\partial(\mu\nu)}{\partial x} \text{ グラム}$$

つまり

$$-D\frac{\partial \nu}{\partial x} \text{ 個}$$

の粒子が単位時間あたりに単位断面積を通過する. 力学的平衡状態にあるため，次の式が成り立たなければならない.

$$\frac{\nu K}{6\pi k P} - D\frac{\partial \nu}{\partial x} = 0. \tag{2}$$

力学的平衡が成り立っているときの条件（1）および（2）から，拡散係数を計算することができる. その結果

---

[3] たとえば G. Kirchhoff, *Vorlesung über Mechanik*, 26. Vorl., §4 参照.

は,

$$D = \frac{RT}{N} \cdot \frac{1}{6\pi kP}$$

となる.

こうして, 懸濁物質の拡散係数は, 普遍定数と絶対温度のほかには, 液体の粘性係数と懸濁粒子の大きさだけに依存する.

4. 液体中の懸濁粒子の無秩序運動と, 運動と拡散の関係について

次に, 分子の熱運動によって生じ, 前節で調べた拡散過程の原因となっている無秩序運動についてさらに詳しく論じよう.

もちろん, 個々の粒子は, 他のすべての粒子の運動と独立に運動するものと仮定せざるをえない. ひとつの粒子が異なる時間間隔に行う運動もまた, その時間間隔はあまり小さく選ばれていないものとして, 互いに独立な過程と考えなければならない.

ここで, 観測可能な時間間隔よりはずっと小さいが, 引きつづく二つの時間間隔に粒子が行う運動を互いに独立とみなせるぐらいには長い時間間隔として, τ を導入する.

いま, ある液体中に全部で n 個の粒子が浮かんでいるものと仮定しよう. 時間間隔 τ のあいだに, 粒子の X 座標が, 粒子ごとに異なる (正あるいは負の) Δ という値だけ増加するとき, Δ に対しては, 何らかの確率分布則

が成り立つだろう．したがって，時間間隔 τ のあいだに，位置が Δ と $\Delta+d\Delta$ のあいだの値だけ変化する粒子の個数 dn は，

$$dn = n\varphi(\Delta)d\Delta$$

という形に表すことができる．ここで，

$$\int_{-\infty}^{+\infty} \varphi(\Delta)d\Delta = 1$$

であり，φ は，Δ の値がきわめて小さいときだけゼロと異なり，次の条件を満たす．

$$\varphi(\Delta) = \varphi(-\Delta).$$

次に，拡散係数の φ への依存性を調べよう．ここでもやはり，単位体積あたりの粒子の個数 ν は，x および t のみに依存するような場合だけを考える．

単位体積あたりの粒子の個数を，$\nu = f(x,t)$ とし，時刻 $t+\tau$ の粒子の分布を，時刻 t の分布から計算しよう．時刻 $t+\tau$ に，X 軸に垂直で，x および $x+dx$ で X 軸と交わる二つの平面のあいだに存在する粒子の個数は，関数 $\varphi(\Delta)$ の定義から容易に得られ，次のようになる．

$$f(x, t+\tau)dx = dx \cdot \int_{\Delta=-\infty}^{\Delta=+\infty} f(x+\Delta)\varphi(\Delta)d\Delta.\text{[1]}$$

しかし，τ がきわめて小さいので，

$$f(x, t+\tau) = f(x,t) + \tau \frac{\partial f}{\partial t}$$

とおくことができる．さらに $f(x+\Delta, t)$ を Δ のべきに展開すると，

$$f(x+\Delta, t) = f(x,t) + \Delta \frac{\partial f(x,t)}{\partial x} + \frac{\Delta^2}{2!}\frac{\partial^2 f(x,t)}{\partial x^2} \cdots \text{ad inf.}$$

となる．積分に多少とも寄与するのは，Δ の値がきわめて小さいところだけなので，この展開式を上の積分の被積分関数に代入してよい．すると次の式が得られる．

$$f + \frac{\partial f}{\partial t}\cdot\tau = f\cdot\int_{-\infty}^{+\infty}\varphi(\Delta)d\Delta + \frac{\partial f}{\partial x}\int_{-\infty}^{+\infty}\Delta\varphi(\Delta)d\Delta$$
$$+ \frac{\partial^2 f}{\partial x^2}\int_{-\infty}^{+\infty}\frac{\Delta^2}{2}\varphi(\Delta)d\Delta\cdots.$$

$\varphi(x) = \varphi(-x)$ なので，この右辺の第2, 第4, …の各項はゼロになり，第1, 第3, 第5, …の各項は，それぞれ直前の項にくらべて非常に小さい．さらに

$$\int_{-\infty}^{+\infty}\varphi(\Delta)d\Delta = 1$$

であることを顧慮し，

$$\frac{1}{\tau}\int_{-\infty}^{+\infty}\frac{\Delta^2}{2}\varphi(\Delta)d\Delta = D$$

と置き，右辺の第1項と第3項だけを考慮すれば，結局，さきほどの式は次の形になる．

$$\frac{\partial f}{\partial t} = D\frac{\partial^2 f}{\partial x^2}. \tag{3}$$

これはよく知られた拡散の微分方程式であり，D は拡散係数である．

この議論に関連してもうひとつ重要なのは，これまで粒子をすべて同一の座標系で考えてきたが，個々の粒子

の運動は互いに独立だとすれば，必ずしもそうでなくともよいということだ．そこで，それぞれの粒子の運動を，時刻 $t=0$ に粒子の重心の位置と原点が一致するような座標系で記述することにしよう．前と異なるのは，この場合 $f(x,t)dx$ は，時刻 $t=0$ から時刻 $t=t$ までのあいだに，X 座標の大きさが，x と $x+dx$ とのあいだの値だけ増加するような粒子の個数を表すということである．したがって，この場合もやはり，関数 f は方程式 (1) に従って変化する[2]．さらに，$x \gtreqless 0$ かつ $t=0$ のとき，

$$f(x,t)=0 \text{ かつ } \int_{-\infty}^{+\infty} f(x,t)dx = n$$

であることは明らかである．かくして問題は，（拡散粒子間の相互作用を無視したときの）ある点からの拡散の問題と同じになり，数学的には完全に解明される．その解は，

$$f(x,t) = \frac{n}{\sqrt{4\pi D}} \frac{e^{-\frac{x^2}{4Dt}}}{\sqrt{t}}$$

である．

したがって，任意の時間 t のあいだに起こる変位の確率分布は，確率誤差の分布と同じである．予想通りではあるが，しかしここで重要なのは，指数に含まれる定数と，拡散係数との関係が明らかになったことである．この式を使って，粒子の X 軸方向への変位の平均値 λ_x ——より正確には，X 軸方向に関する変位の 2 乗平均——を求めることができる．結果は次の通り．

$$\lambda_x = \sqrt{\overline{x^2}} = \sqrt{2Dt}.$$

このように,任意の時間 t のあいだに生じる平均変位は,時間の平方根に比例する.容易に示せるように,粒子の 3 軸合わせた変位の 2 乗平均は,$\lambda_x \sqrt{3}$ になる.

5. 懸濁粒子の平均変位の公式.原子の実際の大きさを求める新手法

第 3 節では,液体中に浮かぶ半径 P の小さな球状物質の拡散係数 D に対し,次の値が得られた.

$$D = \frac{RT}{N} \frac{1}{6\pi kP}.$$

さらに第 4 節では,粒子が時刻 t における X 軸方向の平均変位の値は,

$$\lambda_x = \sqrt{2Dt}$$

であることがわかった.これら 2 式から D を消去して,次式を得る.

$$\lambda_x = \sqrt{t} \cdot \sqrt{\frac{RT}{N} \frac{1}{3\pi kP}}.$$

この式から,λ_x が,T, k, P にどのように依存するかがわかる.

N の値として,気体運動論の結果から $6 \cdot 10^{23}$ をとると,1 秒間に λ_x がどれだけ増大するかを求めることができる.液体として,17℃ の水 ($k = 1.35 \cdot 10^{-2}$) を選び[3],粒子の直径を 0.001 mm とすると,

$$\lambda_x = 8 \cdot 10^{-5} \text{ cm} = 0.8 \text{ ミクロン}$$

という値が得られる．したがって，1 分間では約 6 ミクロンの平均変位となる．

この関係から，逆に N を求めることもできる．
$$N = \frac{t}{\lambda_x^2} \cdot \frac{RT}{3\pi kP}.$$

ここに提示した問題は熱の理論にとって非常に重要なので，だれか研究者が早急に解決してくれることを願う．

ベルン，1905 年 5 月

編者注
[1] 右辺の f は時刻 t のものと考えられる．
[2] ここで式 (1) とあるのは，式 (3) の間違い．
[3] 水の粘性の値は，論文 1 (182 ページ) から採られている．正しくは温度 9.5℃ の水のものである．

III

相対性理論への取り組み

1912年のアインシュタインによる特殊相対性理論の草稿．
$E = mc^2$ の式が見える（エルサレム，ヘブライ大学提供）

アインシュタインは，ローレンツの電子論に含まれる物理的内容のすべてに対し，新しい運動学による明確な基礎を与えた最初の物理学者だった．その運動学は，アインシュタインが 1905 年に行った，空間距離と時間間隔という概念の物理的意味に対する批判的検討から浮かび上がってきたものである．彼はその検討の基礎として，離れた場所で起こった出来事の同時性を注意深く定義し，ニュートンの運動学の基礎となっていた普遍時間，ないし絶対時間という概念は捨てなければならないこと，また，ふたつの慣性系の座標をつないでいたガリレイ変換は，別の解釈のもとでローレンツがすでに導入していた変換と形式上一致するような，空間と時間に関する変換で置き換えなければならないことを示した．その変換を，新しい運動学に対応する時空対称群の元と解釈することにより，特殊相対性理論は（この名前は後年用いられるようになったものだが），物理学者にとって，場や粒子についての新しい力学理論を探究するための頼もしい指針となった．またこのとき以降，物理学において対称性という概念の果たす役割が，しだいに深く理解されるようになっていく．特殊相対性理論は哲学者に対しても，新しい空間や時間の観念について考察するための素材をふんだんに提供することになった．とはいえ，特殊相対性理論もニュートンの力学と同様，慣性系というカテゴリーに属する座標系に対し，ある種の特権的地位を与えるものだった．アインシュタインは，そんな特殊相対性理論を，重力をも含むものに一般化しようと

努力し，1907年には等価原理を打ち立てる．等価原理は，慣性系に対して与えられていた特権的な役割を否定するものだった．これによりアインシュタインは，今日一般相対性理論と呼ばれている新しい重力理論へと続く道のりの，最初の一歩を踏み出したのである．

アインシュタインが本書の論文3で提唱した特殊相対性理論は，現代物理学の発展史のなかでも画期的な仕事である．アインシュタインはその論文の第1部で，相対性原理と光速度一定の原理という，二つの仮説にもとづいて，新しい運動学を提示した．第2部では，その運動学から導かれた結果を，光学と運動物体の電気力学のさまざまな問題に応用する．そして論文4では，この理論のもっとも重要な結論のひとつである，質量とエネルギーの等価性を支える論拠を示した．

厳密なことをいえば，このテーマでアインシュタインがはじめて書いたこれら二つの論文について語る際に，"相対性理論"という言葉を用いるのは時系列的におかしい．これらの論文で，彼が"相対性"と言っているのは，"相対性原理"のことだからだ．1906年にはマックス・プランクが，ローレンツ-アインシュタインによる電子の運動方程式を指すために，"相対論（Relativtheorie）"という言葉を使い，それから数年ほどは，この表現が折に触れて使われていた．"相対性理論（Relativitätstheorie）"という言葉をはじめて使ったのは，A. H. ブッヘラーで，プランクの講演に続く質疑応答の場でのことだったらしい．

それをパウル・エーレンフェストが自分の論文のなかで用い，1907年にはアインシュタインが，エーレンフェストの論文への返答として書いた文章のなかで用いた．アインシュタインはそのとき以降，しばしば相対性理論という言葉を使ったが，論文発表から数年間は，自分の論文のタイトルには"相対性原理（Relativitätsprinzip）"を使い続けた．1910年には数学者のフェリックス・クラインが，"不変量理論（Invariantentheorie）"という名称を提案したが，それを採用した物理学者はいなかったようだ．1915年，アインシュタインは新たに作った理論を"一般相対性理論"と呼び，それとの関係で，古いほうの仕事を"特殊相対性理論"と呼ぶようになった．

アインシュタインは1905年の論文のなかでも，1907年と1909年にそれぞれ書いた概説記事のなかでも，相対性理論は，ある具体的な問題から生じたものであると述べている．その問題とは，電気力学のマクスウェル-ローレンツ理論と，相対性原理とのあいだに，一見して明らかな矛盾があることだった．相対性原理によれば，あらゆる慣性系は物理的に対等でなければならないのに対し，マクスウェル-ローレンツ理論によれば，特権的な慣性系がひとつ存在することになるからだ．

相対性原理は，もともと古典力学から出てきたものである．ニュートンの運動法則が成り立つことと，中心力による相互作用を仮定すると，質量中心が慣性系で静止してい

るような，閉じた系の内部で行われた力学実験によっては，その慣性系の運動状態は知りえないことが示されるのである．その結論は，"相対運動の原理"とか"相対性原理"などと呼ばれ，19世紀の末までにはよく知られていたし，経験的にもしっかりと確かめられていた．

しかし荷電粒子のあいだの相互作用として速度依存力を持ち込むと，磁気相互作用の場合にも相対性原理が成り立つかどうかが疑わしくなった．光の波動論によれば，光学現象の場合には，相対性原理が成り立つとは思えない．光の波動論の立場に立つかぎり，普通の物質が存在しなくとも光が伝わる理由を説明しようとすれば，いたるところに染み渡っている媒体——いわゆる"光エーテル"——が存在すると考えるしかなさそうだった．エーテルは物質とともに運動するという仮定は，光行差の現象や，運動媒質内での光の速度に関するフィゾーの実験により否定されそうだ．もしもエーテルが物質に引きずられないのなら，光学的な実験を行うことによって，エーテル内に固定された座標系から見た物体の運動を検出できなければならない．ところが，光学的な実験によってエーテル内を進む地球の運動を検出しようという試みは，すべて失敗したのである．

マクスウェルの電磁気理論は，電気と磁気，そして光の現象を，統一的に説明しようとするものだった．この理論の登場とともに，そうした現象でも相対性原理は成り立つのだろうかという疑問が生じた．電気力学の基本方程式から，相対性原理が出てくるのだろうか？　この疑問への答

えは，運動物体の電気力学を記述するマクスウェル方程式として，どんな形のものを仮定するかによる．ヘルツは，エーテルが物質とともに運動すると仮定した上で，相対性原理が成り立つような運動物体の電気力学をつくり上げた．しかしヘルツの理論は，先に述べた光学現象を説明できなかったばかりか，新たに発見された電磁気現象も説明できなかったため，まもなく支持を失った．

20世紀に入って，アインシュタインが運動物体の電気力学の研究に取りかかるころまでには，こうした現象をうまく説明するローレンツ版のマクスウェル理論が広く受け入れられていた．ローレンツの理論は，のちに"ローレンツの電子論"の名前で知られることになる微視的理論を基礎としていた．ローレンツの電子論は，重さのある普通の物質とエーテルとをはっきりと区別する．普通の物質は，有限な大きさをもつ物質粒子で構成され，それら粒子の少なくとも一部は，電荷を帯びている．エーテルは，質量やその他の力学的属性をもたない媒体で，空間はいたるところ——物質粒子によって占められている場所まで含めて——エーテルによって満たされている．エーテルは，電気的，磁気的な場のいっさいを支える存在である．物質は，電場と磁場を生み出す荷電粒子を介してしか，エーテルに影響を及ぼすことができない．エーテルは，電場と磁場が荷電粒子に及ぼす電気力と磁気力を介してしか，物質に働きかけることができない．ローレンツの理論は，そうした電気の"原子"("電子")の存在を仮定することにより，

マクスウェル以前の大陸的伝統の重要な要素をマクスウェル理論に組み入れ，マクスウェル理論からは場の方程式を取り入れたのである．

エーテルの各部分は，互いに位置関係を変えないと仮定されていた．したがって，ローレンツのエーテルはゆがみもたわみもしない座標系とみることができ，その座標系は慣性系と考えられる．マクスウェルの方程式が成り立つのは，この座標系においてである．それ以外の座標系では，マクスウェル方程式をガリレイ変換した方程式が成り立つことになる．したがって，地球上で電磁気や光に関する適切な実験を行えば，エーテル内を進む地球の運動を検出できるはずだった．しかしローレンツは，その方法で地球の運動を検出しようという試みはすべて失敗していること，とくにマイケルソン－モーレーの実験のような，きわめて精度の高い光学実験さえも失敗していることを熟知しており，その理由を自分の理論で説明しようとした．

1895年，ローレンツがこの問題に取り組んだ際の基本方針は，"対応状態の定理"と，有名なローレンツの収縮仮説とをいっしょに用いるというものだった．対応状態の定理とは，要は計算のための手段で，運動座標系と静止座標系のそれぞれから見た現象を対応させるために，座標と場に関する変換を導入する．ローレンツはその基本方針にもとづき，電磁気的な実験のほとんどについて，その実験では地球がエーテル内で行う運動を検出できなかったのはなぜかを説明することができた．さらに1904年には，一

般化した対応状態の定理を用いて，それまでに行われたすべての電磁気的な実験について，エーテル内で地球が行う運動を検出できなかった理由を明らかにするための方針を示した．ローレンツは，電荷が存在しないときのマクスウェル方程式がすべての慣性系で同じ形になるように，空間と時間の座標に関する変換（その変換はすぐにポアンカレにより"ローレンツ変換"と名づけられた）を導入し，また，電場および磁場の成分についても同様の変換を導入した．このローレンツの方法を用いれば，電子論の基礎方程式はエーテルが静止する座標系を特別扱いするにもかかわらず，エーテル内で地球が行う運動を検出しようとする光学的・電磁気的な試みがすべて失敗する理由を説明することができた．

アインシュタインの仕事の基礎は，この問題をまったく別の角度から捉えることにあった．彼は，電磁気や光学の実験によっては，エーテル内での地球の運動は検出されないという事実を，電気力学の方程式から導き出されるような何かと捉えるのではなく，電気力学と光学でも相対性原理が成り立つことを示す経験的証拠と考えたのだ．じっさいアインシュタインは，相対性原理はあらゆる場合に成り立たなければならないと主張し，この原理を満たさない物理法則は受け入れるべきではないという，ひとつの判断基準と位置づけたのである．その意味で彼は，相対性原理に対し，熱力学の二つの法則のような役割を与えたといえよう．後年アインシュタインは，熱力学のケースはじっさい

に，この問題を考えるための指針になったと語っている．相対性原理は，何かほかの理論から導かれるようなものではなく，それを出発点として演繹的な論証を積み重ねて行くような，最初に置かれるべき仮説であって，あらゆる物理理論が満たさなければならない一般的条件なのである．

　こうしてアインシュタインは，マクスウェル－ローレンツの電気力学を，相対性原理と矛盾しないものにするという問題に直面した．アインシュタインがこの問題に取り組むために用いたのが，マクスウェル－ローレンツの電気力学そのものから導かれる，光速度一定の原理だった．マクスウェル－ローレンツの理論からは，光の速度は光源の速度とは無関係であり，その値はエーテルの静止系ではつねに同じであることが導かれる．アインシュタインは，マクスウェル－ローレンツの理論からエーテルを取り去り，この理論と合うすべての経験的証拠により裏づけられていた光速度の不変性を，相対性原理に次ぐ第二の仮説としたのである．その光速度一定の原理を相対性原理といっしょに用いると，一見すると逆説的な結論が導かれる——光の速度は，あらゆる慣性系で同じでなければならないことになってしまうのだ．その結論は，ニュートン物理学における速度の加法法則に反し，あらゆる物理学の基礎である力学の見直しを迫るものだった．アインシュタインは，離れた場所で起こる出来事の同時性は，どれかひとつの慣性系に準拠することによってしか物理的に定義できないことを示し，異なる慣性系同士の空間および時間座標を結びつけ

る運動学的変換則を導き出した．その変換則は，ローレンツが1904年に導入していた変換と，形のうえで同じだった．

アインシュタインはつぎに，その新しい運動学が，電気力学と力学にとって何を意味するかを考えた．エーテルを捨て去ったアインシュタインは，事実上，電磁場は何も支えられずに存在できると主張したことになる．彼は，電場と磁場の変換法則を適切に定義すれば，真空に対するマクスウェル‐ローレンツの方程式は，新たに得られた運動学的な変換のもとで形が変わらないことを示した．また，電流を付け加えてもマクスウェルの方程式は変わらないという条件を課すことにより，電荷密度と速度の変換則を導き出した．そして最後に彼は，静止している荷電粒子はニュートンの方程式を満たすものと仮定することにより，運動学的変換を用いて，任意の速度で運動する荷電粒子（"電子"）の運動方程式を得たのである．

あらゆる実験的証拠と矛盾しない運動物体の電気力学を作ることに関係する問題は，アインシュタインがこの理論に取り組んでいた時期にはしばしば論じられたテーマだった．論文3の論点の多くは，それとよく似たものが当時の文献にみえるし，アインシュタインがそうした本や論文を知っていたとしてもおかしくはない．それでもなお，彼がこの問題に取り組むためにとったアプローチは，他に類を見ないもので，論文に現れるアイディアの組み合わせ方には，彼ならではのものがある．とくに，運動物体の電気

力学を作るためには，普遍的に成り立つ新しい運動学が必要だという認識は，きわめてユニークである．

相対性理論に関するアインシュタインの仕事は，運動物体の電気力学と光学に関する長年の関心から芽生えたものだった．1895年に彼がはじめて書いた科学論文では，エーテル内での光の伝播の問題が論じられている．後年，彼が当時を回想して述べたところによれば，その翌年の1896年には，次のようなことが気になりはじめていたという．「もしも光の速度で光を追いかけたとしたら，時間に依存しない波動場が見えるはずである．しかし，そんなものが存在するとは思えない！ これが特殊相対性理論を最初に考えはじめたときの，子どもっぽい思考実験だった」[1]

当時すでにアインシュタインは，古典力学の相対性原理のことは，よく知っていたと思われる．1895年，チューリヒ工科大学の入学試験のための準備として，彼はヴィオールの教科書のドイツ語版を勉強した．そのヴィオールは，力学の取り扱いの基礎を，慣性原理と"相対運動原理"に置いていたのだ．

1898年ごろにアインシュタインは，おそらくはドルーデの教科書の助けを借りながら，マクスウェルの電磁気理論を学びはじめた．1899年から1901年にかけての時期にミレヴァ・マリチに書いた手紙のなかで，彼はたびたびこの話題に触れている．1901年の3月27日付の手紙

では,「相対運動に関するぼくたちの仕事」という言い方もしている.1901年の12月には,アインシュタインはチューリヒ大学のアルフレート・クライナー教授に,このテーマに関する自分のアイディアを説明した.クライナーはそれを発表するようにとアインシュタインを励ましたが,これらのアイディアを発展させるにあたり,クライナーがそれ以上の役割を果たしたという証拠はない.

アインシュタイン自身の発言から考えて,1899年の時点では,彼は電気力学についてローレンツとよく似た考え方をしていたようだ.しかし,似ているという点を別にすれば,アインシュタインがそれ以前に,ローレンツの書いたものをひとつでも読んだという証拠はない.その後まもなくアインシュタインは,エーテルに対して物体が運動しているとき,その運動が光の伝播に及ぼす影響を調べるための実験をデザインしている.1901年には,同様の実験をもうひとつデザインしたが,どちらも実施することはできなかった.1901年12月17日にはマリチへの手紙のなかで,自分は今,運動物体の電気力学に関する「第一級の論文」を書いており,「相対運動に関する自分のアイディア」の正しさをあらためて確信したと述べた.その言い方からすると,彼はそのときすでに,エーテルに対して物体が運動していても,その運動を実験で検出することはできないだろうと考えていたのかもしれない.その直後の手紙には,これから本腰を入れてローレンツの理論を勉強するつもりだと書いている.

アインシュタインが1902年までに，ドルーデ，ヘルムホルツ，ヘルツ，ローレンツ，フォークト，ヴィーン，フェップルらによる電気力学と光学に関する論文を読み終えていたか，あるいは読んでいる途中だったという点については，直接的な証拠，もしくは間接的であっても強力な証拠がある．1898年から1901年にかけて『アナーレン・デア・フィジーク』に掲載された論文に関して，アインシュタインが手紙に述べていることから考えて，彼は当時，普段から学術雑誌によく目を通し，多くの論文を詳しく検討していたようだ．続く1902年から1905年にかけても，同じような状況だったと考えてよかろう．この時期の『アナーレン』には，運動物体の電気力学と光学に関する重要な論文がたくさん掲載されていた．後年，アインシュタインが相対性理論について書いた文書のなかには，1905年以前に発表された論文がいくつか引用されており，彼はそのような論文を読んでいた可能性がある．また彼は，科学の基礎についても幅広く読書していた．後年彼は，ヒューム，マッハ，ポアンカレを読んだことは，相対性理論を作るうえで大きな意味があったと語っている．

20世紀初頭には，エーテルの実在性が広く信じられていた．しかしアインシュタインは，その実在性を疑問視するいくつかの著作に親しんでいた．ジョン・スチュアート・ミルは，著書『論理学体系』のなかの「仮説的方法」について論じた章で，「光エーテルについて今日一般に認められている仮説」を疑う理由を多数あげている[2]．ポ

アンカレは『科学と仮説』のなかで，明確な答えは与えなかったものの，エーテルの実在性に疑問を投げかけた．オストヴァルトは『一般化学教科書』のなかで，放射を純粋にエネルギーとして扱えば，エーテル仮説の代わりになるのではないかと述べている．

1902 年から 1905 年までの時期，アインシュタインが電気力学の諸問題にどう取り組んだかを明らかにしてくれる同時代の資料はきわめて少ない．1903 年 1 月 22 日にアインシュタインは，ミケーレ・ベッソへの手紙にこう書いた．「近いうちに気体中の分子力のことを調べ，その後包括的な電子論の研究にとりかかるつもりです」．1903 年 12 月 5 日には，彼はベルン自然研究協会で，「電磁波の理論」に関する話をした．1905 年の 5 月ないし 6 月頃には，友人のコンラート・ハビヒトに宛てた手紙に，その理論はほぼ完成したとして次のように述べた．「論文はまだ下書きの段階ですが，運動物体の電気力学に関するもので，空間と時間の理論を修正するというアプローチをとっています」

後年のアインシュタインの回想から考えて，「運動物体の電気力学」の執筆にいたるまでに相対性理論のアイディアがたどった発展のプロセスには，知られているかぎりの当時の資料には記録されていない重要な要因がいくつかあったようだ．1932 年 9 月 13 日にアインシュタインは，エリカ・オッペンハイマーへの手紙のなかで，「特殊相対性理論を作るに至った状況」を次のように特徴づけ

た.「すべての慣性系は力学的に対等です.経験に照らせば,その対等性は,光学や電気力学でも成り立っています.ところが電気力学の理論には,その対等性があるようにはみえなかったのです.まもなくわたしは,そうなっている根本の原因は,電気力学の理論が深いところで不完全だからに違いないと考えるようになりました.そのことに気付き,その問題を克服しようと考え続けたせいで,わたしは一種の心理的緊張状態に陥りましたが,7年ものあいだこれといった成果もなく探究を続けた末に,時間と距離の概念を相対化することで,その緊張状態はようやく和らいだのでした」

1952年には,彼は次のように書いている.「特殊相対性理論にいたる直接的な道のりを決定した主な要因は,磁場中を運動する電導体に誘導される起電力は電場にほかならないという確信でした.しかしそれだけでなく,フィゾーの実験結果と,光行差の現象もまた,その路線へとわたしを導いてくれました」[3]

フィゾーの実験結果と光行差の現象が,エーテルは完全に運動物質とともに運ばれるという仮説への反証になったことはよく知られているが,それらがアインシュタインの思考にどんな役割を果たしたのかは明らかではない.もしかするとその役割は,観測される現象は,地球から見た物質(フィゾーの実験では水,光行差では星)の運動にしか依存せず,エーテルに対する地球の運動という仮想的なものには依存しない,という点に尽きるのかもしれない.

電磁誘導に関しては，経験的事実がアインシュタインの思考に果たした役割について，彼自身がある程度詳しい説明を与えている．1920年に，アインシュタインはこう述べた．「特殊相対性理論を作るに際しては，ファラデーの電磁誘導が指針となってくれた．ファラデーによれば，磁石と閉じた電気回路とが相対運動すると，回路に電流が誘導される．磁石が動くか，電導体が動くかは，問題ではない．重要なのは，両者の相対運動だけなのである．……電磁誘導の現象を考えれば，わたしとしては（特殊）相対性原理の仮説を設けるしかなかったのである」．そして彼は脚注として，次のように付け加えた．〔相対性原理を仮定するなら，〕「克服すべき困難は，真空中での光速度の不変性をどう考えるかということだが，わたしは最初，そちらは手放さなければならないだろうと考えた．そして何年ものあいだ考え抜いた末にようやく，その困難が生じるのは，運動学の基本概念があいまいだからということに気づいたのである」[4]

　相対性原理の正しさを強く確信し，「真空中での光速度の不変性」は手放さなければならないと考えた彼は，光の放出理論の可能性を追求した．放出理論では，光の速度が一定なのは光源に対してだけなので，当然ながら，相対性原理とは矛盾しない．ニュートンの光の粒子説は一種の放出理論であり，アインシュタインがそういう理論の可能性を追求したことが，のちの光量子仮説につながったのかもしれない（論文5）．1912年4月25日，アインシュタイ

ンはパウル・エーレンフェストへの手紙のなかで，リッツの放出理論について次のように述べた．「リッツの考えは，相対性理論を考えつく以前に，わたしが考えていたものと同じです」．6月20日には，その点を少し詳しく，次のように説明した．「光速度不変性の原理が，相対性の仮定と独立であることはわかっていたので，マクスウェルの方程式から要請される，c［光の速度］の不変性の原理と，光源の位置にいる観測者にとってのみcは不変だという原理の，どちらが妥当かを天秤にかけました．そしてわたしは前者を選んだのです」

1924年にアインシュタインは，そのジレンマが突如として解消した状況を，次のように述べた．「7年のあいだ（1898-1905年），これといった成果もなく考え続けた後，空間と時間に関する概念や法則が正しいと言えるのは，それらがわれわれの経験と明確に結びついている場合だけであること，そして経験に照らすなら，こうした概念や法則を変更しても少しもおかしくないということが急に頭に浮かびました．こうして同時性の概念を見直し，より柔軟なものにすることにより，わたしは特殊相対性理論に到達したのです」[5]

1922年に京都大学で行った講演では，アインシュタインは次のように述べたと伝えられている．ローレンツの理論と，相対性に関する自分のアイディアをどう調和させるかという問題を1年のあいだ懸命に考え抜いたのち，彼はその問題の細かい点を議論するためにある友人を訪

ねた．翌日，アインシュタインはその友達にこう言った．
「ありがとう，わたしの問題はすっかり解決したよ」[6]．
おそらくその友人は，当時スイス特許局の同僚であり，論文3に謝辞の述べられているミケーレ・ベッソだろう．

この論文はその後すみやかに仕上がったようだ．1952年3月には，アインシュタインはカール・ゼーリヒへの手紙に次のように述べた．「特殊相対性理論のアイディアを思いついてから論文を完成させるまでには，5週間から6週間ほどかかりました」

アインシュタインの記述からすると，相対性理論の仕事は次のような段階を踏んだようだ．

1. 力学現象の場合と同じく，電磁気と光学の現象においても，現象を規定するうえで意味があるのは，重さのある物体同士の相対運動だけだと確信するようになった．その確信にもとづき，彼はエーテルの概念を捨てた．
2. 彼は一時的に，絶対運動に物理的意味を与えるようにみえるローレンツの電気力学理論を捨てた（ここで絶対運動というのは，真空ないしエーテルに対する運動のこと）．
3. 彼は新たな電気力学理論の可能性を探った．その理論は，光の速度が一定なのは光源に対してだけであるという放出仮説の正しさを証明するものでなければならない．

4. その試みを放棄したアインシュタインは，ローレンツの理論をあらためて検討し，ある時点で，相対運動に関する自分のアイディアと，ローレンツの理論から導かれる具体的な結果との矛盾に焦点を合わせた．その矛盾とは，光源の速度と光の速度とが無関係であるようにみえることだった．
5. 彼はこの矛盾が，それ以前は暗黙のうちに受け入れられていた時間間隔と空間距離に関する運動学的仮定に関係があることに気づき，離れた地点で起こった出来事の同時性の意味を吟味した．
6. 彼は同時性を物理的に定義し，相対性原理と光の原理（光速度一定の原理）にもとづいて，新しい運動学理論を構築することによって，両者のあいだの見かけの矛盾を解決した．

アインシュタインが相対性理論を完成させるプロセスを詳しく再構築しようという試みは多数行われてきたが，結論はしばしば大きく異なっている．そのような再構築を行うためには，当時アインシュタインが取り組んでいたほかの系列の仕事も考慮に入れなければならない．とくに彼は，相対性理論の論文を書くころまでには，マクスウェルの電磁気理論が普遍的に成り立つという考えを捨てており，すでに光量子仮説を提唱していた（論文5参照）．また彼は，熱力学の基礎に関する仕事をする過程で，等分配則は一般的な古典的・力学的系のほとんどで成り立つと

確信するようになっていたが、その法則をマクスウェルの理論と結びつけると、誤った黒体放射の法則が導かれることが示された（論文5の第1節参照）．そのため彼は、古典力学とマクスウェルの理論は普遍的に成り立つとは考えられないと主張したのである．

後年、アインシュタインが語ったところでは、物質の構造と放射に関するより良い理論を探すためにはどう進めばよいかわからない状況で、「たしかな結論を得るためには、普遍的に成り立つ形式原理を見つけ出すしかない」と確信するようになったという[7]．そのような原理は、熱力学の原理と同様の役割を果たすものである．相対性理論は、まさにそんな原理の上に成り立っていた——たとえ当初は具体的な力学理論と電磁気理論から示唆されたにせよ、相対性原理と光速度一定の原理は、それらの理論が正しいかどうかによらない経験的証拠に支えられているのである．

妹の回想によれば、アインシュタインは相対性理論の論文が『アナーレン・デア・フィジーク』に受理されるかどうか心配していたらしい．受理されてからは、この論文が発表されればすぐに何らかの反応があるだろうと予想しつつ、その反応は批判的なものになるだろうと考えていたという．しかし待てども待てども『アナーレン』には、彼の論文に対する反応が一言も現れなかったため、アインシュタインはひどく落胆した．その後しばらくして、プランクから、論文のわかりにくい点について説明を求める手紙を

受け取った．妹の記述によれば，「それは，ながらく待たされた後で，ともかくも論文を読んだ人がいるということを示す最初の証拠でした．その証人が，同時代のもっとも偉大な物理学者のひとりだったことで，若き学究の幸福感はいやがうえにも高まりました．……当時，プランクが興味をもってくれたことは，若い物理学者にとってかぎりなく大きな意味があったのです」[8]

　プランクとアインシュタインはその後手紙の交換を続け，プランクは1905年の秋に，ベルリン大学の物理学コロキウムでアインシュタインの論文を取り上げた．彼はその後数年にわたり，相対性原理の意味について何本かの論文を書き，助手だったマックス・ラウエと，学生のクルト・フォン・モーゼンガイルの関心を相対性理論に向けさせた．数年後，アインシュタインは相対性理論の普及にプランクが果たした役割について，つぎのように述べて謝意を表した．「この理論がすみやかに物理学者たちの注目を受けるようになったのは，彼が確固とした態度でこの理論のために発言してくださったことと，その温かい配慮に多くを負っているのは間違いありません」[9]

　1905年から1906年になる頃には，ほかの物理学者もアインシュタインの仕事について議論しはじめた．論文の掲載から2カ月後，カウフマンはベータ線中の電子の質量に関する最近の実験についての予備的報告のなかで，アインシュタインの論文に言及した．翌年，カウフマンは，その実験結果についてより詳しく論じ，まったく同じ電子

の運動方程式を与える二つの理論を取り上げて，ローレンツとアインシュタインの観点の，理論としての基本的な違いについてはじめて明確な記述を与えた．『アナーレン』の編集人であるドルーデは，光学の標準的な教科書となっていた自著の第2版にアインシュタインの論文を引用し，『物理学ハンドブック』でもそれを取り上げた．ヴィルヘルム・レントゲンは，アインシュタインに手紙を書き，電気力学に関する彼の論文の別刷りを送ってくれるよう頼んだが，それはおそらく電子の運動方程式について講演する予定になっていたためだろう．ゾンマーフェルトは，レントゲンの講演を聞くとすぐにアインシュタインの論文を読んで感銘を受け，そのテーマでコロキウムを行った．1907年にアインシュタインは，プランク，ラウエ，ヴィーン，ミンコフスキーと手紙で議論をしている．同年，彼は相対性理論に関する総合報告を書くように依頼され，その内容は年末にシュタルクの『放射能年鑑』(*Jahrbuch der Radioaktivität*) に掲載された．大手出版社から，その研究について本を書く気はないかという打診も受けた．1907年にエーレンフェストがアインシュタインの理論を「閉じた体系」と述べたことがきっかけで，彼は自分の理論の性格をいっそうはっきりと理解するに至った．1908年までには，相対性理論は——また異論もあり，ローレンツの電子論としばしば混同されたとはいえ——ドイツ語圏の指導的物理学者のあいだで，大きな議論のテーマとなったのである．

相対性理論は，電気力学に関するアインシュタインの長年の関心から生じたものでもあり，もっぱら電気力学に応用されたこともあって，要するにローレンツの電子論の別バージョンだろうとみなされることが多かった．アインシュタインはまもなく，ふたつの原理から導かれた相対性理論の運動学的結果と，それらの結果を光学や運動物体の電気力学の——というより，あらゆる物理理論の——問題を解くために用いることとの違いを明らかにしなければと思うようになった．彼は，この理論の基礎であるふたつの仮説は「閉じた体系」を構成するものはなく，単なる「発見法的原理であって，それだけでは，剛体，時計，光の信号に関する主張にすぎない」という点に注意を促した．そういう主張ができることを別にすれば，この理論は，「互いに無関係にみえる物理法則のあいだに，関係性を打ち立てることだけしかできない」と述べた[10]．

　相対性理論の最初の論文を発表してから数カ月後に，アインシュタインはとりわけ興味をひかれる事柄を発見した——慣性質量とエネルギーとの関係がそれだ．彼は1905年の夏に，コンラート・ハビヒトへの手紙にこう書いた．「もうひとつ，電気力学の論文から引き出せる結果を思いつきました．相対性原理をマクスウェルの方程式とともに用いると，質量がそのまま，物体に含まれるエネルギーの量になることが必然的に導かれます．つまり光は質量を伴っているのです．ラジウムの場合には，検出できるほど質量が減少するでしょう．この理論は面白くて魅力的で

す．しかし，ひょっとすると神はそれを見て笑いながら，わたしの鼻づらをとって引き回しているのかもしれませんが」

電磁気的なエネルギーに慣性質量が伴うという考えは，1905年以前にもしばしば論じられていた．20世紀の初頭には，あらゆる力学的概念は電磁気的な概念から導かれるのではないかとも言われていた．とくに，電子の慣性質量のすべてを，電子の電場に伴うエネルギーから導こうという試みがいくつかあった．また，放射を満たした容器は，慣性質量をもつかのように振る舞い，その質量は，（容器の質量を無視するとして，）容器内の放射のエネルギーに比例することも証明されていた．

論文4でアインシュタインは，相対性原理から導かれるひとつの結果として，いかなる形態のエネルギーにも慣性質量が伴うと論じた．彼は，系が電磁放射を放出する場合にしか証明できなかったにもかかわらず，そうして得られた結果は，考察下の系がエネルギーを失うメカニズムにはよらないと主張した．また彼は，慣性質量の変化に伴うエネルギーの変化は，エネルギーの変化分を c^2 で割ったものに等しいということを示したにすぎなかった．彼のその論法は，1907年にプランクの批判を受けた．プランクは独自の論証により，アインシュタインが論じたのと同様の慣性質量の移行に伴い，熱の移行が起こることを示した．

その後まもなく，シュタルクは，質量とエネルギーの関

係を発見したのはプランクであると述べた．アインシュタインは 1908 年 2 月 17 日付のシュタルクへの手紙にこう書いた．「慣性質量とエネルギーの新たな関係について，あなたがわたしのプライオリティを認めないことに，かなり不愉快な思いをしました」．シュタルクから，プライオリティを認める旨の，なだめるような調子の手紙をもらったアインシュタインは，2 月 22 日にそれへの返事を書き，最初の手紙のとげとげしい調子を反省してつぎのように述べた．「科学の進展にいくばくか貢献することを許された人びとは，ともに参画する仕事の成果を喜ぶ気持ちを，このようなことで曇らせてはなりません」

アインシュタインは，1906 年と 1907 年にも慣性質量とエネルギーとの関係に立ち帰り，両者の完全な等価性を示唆する，より一般性の高い議論を行ったが，彼が目指していた完全なる一般性を打ち立てることはできなかった．1909 年にザルツブルクで行った講演では，アインシュタインは，あらゆる形態のエネルギーには慣性質量が伴い，それゆえ電磁放射は質量をもつはずだと力説した．この結論は，光量子は粒子の性質をもつという仮説への，アインシュタインの信念を強めるものだった．

1905 年にアインシュタインは，自分の理論から導かれる結論として，実験で検証可能なものをいくつも挙げたが，そのなかでもとくに重要なのが，電子の運動方程式だった．彼はその翌年には，運動方程式の検証に利用できそうな，陰極線の実験を提案した[11]．

アインシュタインはその論文のなかで，ベータ線中の電子の運動を調べたカウフマンの実験に言及した．カウフマンは1901年以来，電場と磁場がベータ線を曲げる現象について実験を重ねていた．1905年にカウフマンは，最新の実験で得られたデータは，質量が速度に依存することを示唆しており，ローレンツおよびアインシュタインの理論による予測（二つの理論は同じ予測をする）とは相容れないと主張した．カウフマンのその仕事は，かなりの議論を巻き起こした．ローレンツは，自分の理論が反証されたと思い，だいぶ心を痛めたようだ．しかしプランクは，その実験を注意深く分析し，カウフマンの仕事は，ローレンツ–アインシュタインの予測を決定的に反証するものとはいえないと結論した．レントゲンは，当時のドイツでもっとも優れた実験物理学者のひとりだったが，カウフマンの観測はそれほど精度が高くないため，決定的な結論には至らないと見ていたと伝えられている．アインシュタインは1907年に書いた相互報告のなかで，カウフマンの結果について——とりわけ，それがローレンツ–アインシュタインの予測と矛盾するようにみえることについて——相当の紙幅を割いて論じた．彼は，カウフマンの結果と相対性理論による予測とを図示し，「この実験の難しさを考慮すれば，この程度の一致で満足したくなるかもしれない」と述べたうえで，しかしその食い違いは系統的なものであって，カウフマンの実験誤差の範囲よりも十分外側にあることに注意を促し，つぎのように述べた．「この系統的な食

い違いが，まだ考慮されていない原因にもとづく誤差なのか，それとも相対性理論の基礎が現実と対応していないためなのかについて確実な結論を下すためには，さらに多くの観測データが必要と思われる」[12]

アインシュタインは間違いなく，理論の当否を決めるのは実験であることを認めていたが，カウフマンの結果を決定的なものとして受け入れることには慎重だった．その理由はおそらく，プランクの批判的分析をよく知っていたからだろう．アインシュタインにとって，いっそう受け入れ難く思われたのは，電子の運動方程式のほうだった——それらの運動方程式の基礎となる力学的仮説は，彼には根拠のないものに思われたのである．カウフマンのデータは，アブラハムの理論やブッヘラーの理論を支持しているようにみえるということは認めつつ，アインシュタインはこう結論した．「しかしわたしの意見では，これらの理論の蓋然性はかなり小さいはずである．なぜなら，運動する電子の質量について彼らが設けた基本的仮説は，広範な現象を包摂するような理論体系に基礎づけられていないからである」[13]

カウフマンの結果に対するこの慎重な態度は，結局，正しかったことが判明した．その後長年にわたり，実験結果の解釈をめぐって論争が続いたために，実験結果が相対性理論に対する同時代の評価に決定的な役割を演じることはなかった．ベステルマイヤーはベータ線の実験を行ったが，決定的なものではないというのが一般的な見方だった

し，ブッヘラーの実験結果は，ローレンツ - アインシュタインの方程式を支持するものではあったが，重大な疑問があった．1910年以降，陰極線の実験が行われるようになり，その結果が何人かの研究者により報告されたが，それまでの実験と同様，いずれも決定的といえないことが明らかになった．相対性理論の予想を支持するデータ（1916年に出たギーとラヴァンシーの結果）が広く受け入れられるまでには，ほぼ10年の時が流れたのである．

注

[1] Einstein, "Erinnerungen—Souvenirs," *Schweizerische Hochschulzeitung* 28 (*Sonderheft*) (1955): 146.
[2] John Stuart Mill, *A System of Logic Ratiocinative and Inductive: Being a Connected View of the Principles of Evidence and the Methods of Scientific Investigation*, 8th ed. (London: Longmans, Green, Reader and Dyer, 1872; 1st ed., 1843), vol. 3, pp. 12, 20, 23.
[3] 1952年12月19日，ケース研究所でマイケルソンの生誕百年を祝う会で，アインシュタインからのメッセージとして，R.S. シャンクランドによって準備された原稿．
[4] ボストン大学の Einstein Editorial Archive 所蔵の "Fundamental Ideas and Methods of the Theory of Relativity, Presented as It Developed" と題された未発表の草稿．
[5] 録音原稿．起草したものが，Friedrich Herneck, "Zwei Tondokumente Einsteins zur Relativitätstheorie," *Forschungen und Fortschritte* 40 (1966): 134 に掲載されている．
[6] 石原純『アインスタイン教授講演録』（改造社，1923）所収の，1922年12月14日に行われたアインシュタインの講演の報告を

参照.

[7] Einstein, *Autobiographical Notes*, Paul Arthur Schilpp, trans. and ed. (La Salle, Ill.: Open Court, 1979), p. 48〔中村誠太郎・五十嵐正敬訳『自伝ノート』, 東京図書〕.

[8] Maja Winteler-Einstein, "Albert Einstein: Beitrag für sein Lebensbild," typescript, pp. 23-24, Einstein Editorial Archive, Boston University.

[9] *Die Naturwissenschaften* 1 (1913): 1079, reprinted in *Collected Papers*, vol. 4, doc. 23, pp. 561-563.

[10] Einstein, "Comments on the Note of Mr. Paul Ehrenfest: 'The Translatory Motion of Deformable Electrons and the Area Law,'" *Collected Papers*, vol. 2, doc. 44, pp. 410-412.

[11] *Annalen der Physik* 21 (1906): 583-586, reprinted in *Collected Papers*, vol. 2, doc. 36, pp. 368-371.

[12] *Jahrbuch der Radioaktivität und Elektronik* 4 (1907): 433-462, citation on pp. 437-439, reprinted in *Collected Papers*, vol. 2, doc. 47, pp. 433-484.

[13] Ibid.

論文 3

運動物体の電気力学

マクスウェルの電気力学——今日普通に理解されている
それ——は，運動物体に適用されると，現象に固有とは思
えない非対称性をもたらすことが知られている．一例とし
て，磁石と導体との電気力学的な相互作用を考えよう．こ
のとき，観測される現象は導体と磁石との相対運動だけで
決まるのに対し，普通の見方によれば，二つの物体のどち
らが運動しているかによって，二つの場合がはっきりと区
別される．というのは，磁石が動き，導体が静止している
場合には，有限なエネルギーの値をもつ電場が磁石のまわ
りに生じ，導体の各部が位置する場所に電流を生じさ
せる．ところが，磁石が静止し，導体が運動している場合
には，磁石のまわりに電場は生じず，導体中に起電力が生
じ，それにはエネルギーが伴わないけれども，相対運動は
両方の場合で同じだとすると，前者の場合に電気的な力に
よって生み出されたものと，同じ大きさ，同じ流れ方をす
る電流を，導体中に生じさせるのである．

　このような例や，"光の媒質"に対する地球の相対運動
を検出しようという試みが失敗していることから，力学の
現象だけでなく電気力学の現象にも，絶対静止の概念に相

当するような性質はなく，むしろ，力学の方程式が成り立つようなすべての座標系において，まったく同じ電気力学や光学の法則が成り立つことが予想される．このことは1次の量についてはすでに証明されている．この予想を基本原理へと格上げし（これを今後，"相対性原理"と呼ぶことにする），一見するとこの第一の基本原理とは矛盾するかに見える第二の基本原理，すなわち，光はつねに真空中を一定の速さ V で伝播し，この速さは光源の運動状態には無関係だという基本原理を付け加える．これら二つの基本原理を置きさえすれば，静止物体に対するマクスウェルの理論にもとづいて，シンプルで矛盾のない運動物体の電気力学を作ることができる．ここで作ろうとしている観点によれば，特別な性質を付与された"絶対静止の空間"も，電磁気的過程が起こっている真空内の点に速度ベクトルを割り振る必要もないため，"光エーテル"は導入せずともよいことが示される．

電気力学である以上，以下で作る理論も，剛体の運動学を基礎とする．なぜなら，いかなる電気力学理論も，その主張は剛体（座標系），時計，そして電磁気的過程のあいだの関係についてのものだからである．そのことが十分に考慮されていないことが，今日，運動体の電気力学に内在する困難の根幹をなしている．

A　運動学の部

1. 同時性の定義

　ニュートンの力学方程式が成り立つ[1]ような座標系をひとつ考える．あとで導入する別の座標系と言葉のうえで区別し，記述をより正確なものにするために，この座標系を"静止系"と呼ぶことにしよう．

　粒子がこの座標系から見て静止しているとすると，この座標系でのその粒子の位置は，ユークリッド幾何学の方法により，剛体のものさしを使って求め，直交座標で表すことができる．

　粒子の運動を記述したければ，われわれはその粒子の座標の値を，時間の関数として与える．しかし，そうした数学的記述が物理的な意味をもつのは，"時間"という言葉の表す内容がすでに明確な場合だけであることを忘れてはならない．つねに念頭におくべきは，時間が何らかの役割をはたしているような判断はすべて，出来事の同時性に関する判断だということである．たとえば「汽車は7時にここに到着する」とわたしが言うとき，それは「わたしの時計の短針が7を指すという出来事と，列車が到着するという出来事は，同時に起こる」[1]という意味なのである．

（1）　同じ場所（ほぼ同じ場所）で起こる二つの出来事の同時性には，それ固有のあいまいさがあるのだが，それについてはここでは取り上げない．そのあいまいさは，ある種の抽象化によってのみ取り除くことができる．

"時間"の定義にかかわる問題はすべて，"時間"を"わたしの時計の短針の位置"で置き換えれば，解決しそうに思われるかもしれない．たしかに，時計の置かれている場所だけのために時間を定義するのなら，その定義で十分である．だが，異なる場所で一連の出来事が起こるとき，それらに時間順序をつけなければならない場合や，あるいは——それと同じことだが——時計から離れた場所で起こる出来事の前後関係を知らなければならない場合には，その定義ではもはや十分ではない．

もちろん，時計をもった観測者に座標の原点にいてもらい，出来事の起こった時刻を知るという方法で満足することもできよう．その観測者は，時刻を指定すべき出来事で生じた光の信号が，何もない空間を伝わって自分のところに届いたときに，時計の針の位置を読み取り，それをその出来事に割り振ればよい．しかし，経験からわかるように，その手続きでは，時計をもった観測者がいる場所によって結果が変わるという難点がある．そこで，次のように考えれば，はるかに実用的な方法が得られる．

空間内の A 点に時計が置かれているとき，A 点の近くで起こった出来事の時刻を知るためには，A 点にいる観測者が，その出来事が起こると同時に時計の針を読みとればよい．B 点にも，A 点のものとあらゆる点で同じ時計が置かれているとすると，B 点にいる観測者も，B 点のすぐ近くで起こった出来事の時刻を知ることができる．しかし，A 点で起こった出来事の時刻と，B 点で起

こった出来事の時刻とを比較するためには，さらに規則を設けなければならない．これまでのところ，"A 時間" と "B 時間" だけは定義したが，A 点と B 点にとって共通の "時間" とは何かをまだ定義していない．その時刻は，光が A 点から B 点まで進むためにかかる "時間" と，B 点から A 点まで進むためにかかる "時間" とが等しいのは自明だということにすれば，定義することができる．次のように考えてみよう．光線が，"A 時間" の時刻 t_A に A 点を出発して B 点に向かい，"B 時間" の時刻 t_B に B 点で反射されてふたたび A 点に向かい，"A 時間" の時刻 t'_A に A に到着したとしよう．このとき，もしも

$$t_B - t_A = t'_A - t_B$$

が成り立つならば，これら二つの時計は同期していると定義する．

時計の同期に関するこの定義には，矛盾はないものと考えてよいとしよう．また，（A 点と B 点の 2 点だけでなく）どれだけ多くの点を考えても，やはり矛盾はないと考えてよいとしよう．すると一般に次の関係が成り立つ．

1. B 点の時計が A 点の時計と同期しているとき，A 点の時計は B 点の時計と同期している．
2. A 点の時計が B 点の時計と同期しており，C 点の時計とも同期しているなら，B 点の時計と C 点の時計も同期している．

こうして，一種の（想像上の）物理実験を行うことにより，別の場所にあって互いに対して静止している時計が同期しているとはどういうことかを定めた．それにより当然ながら，"同時"と"時刻"とを定義したことになる．ある出来事の"時刻"とは，その出来事が起こった場所で静止している時計の針の位置を，出来事が起こると同時に読みとった値であり，その時計は，あらゆる時刻測定に関して，ある特定の静止した時計と同期している．

経験にもとづき，次の量（真空中の光の速度）は普遍定数であるとする．

$$\frac{2\overline{AB}}{t'_A - t_A} = V.$$

ここで重要なのは，時間を定義するために，静止系で静止している時計を用いたということである．今定義した時間は，静止系に準拠しているので，"静止系の時間"と呼ぶことにしよう．

2. 長さと時間の相対性

以下の考察は，相対性原理と光速度一定の原理に立脚している．これら二つの原理を，次のように定義する．

1. 二つの座標系が，一定の速度で互いに平行移動しているとき，物理系の状態変化を支配する法則は，その変化がどちらの座標系で記述されているかによらず，同一である．

2. あらゆる光線は，その光線を放出した物体が静止しているか運動しているかによらず，"静止"座標系ではつねに同じ速さ V で進む．したがって，

$$\text{光の速度} = \frac{\text{光が進んだ距離}}{\text{時間間隔}}$$

であり，"時間間隔"は，第1節で定義した意味とする．

剛体の棒が静止しているとき，やはり静止しているものさしを使って棒の長さを測定した結果，l という値が得られたとする．次に，その棒が静止系の X 軸に沿って置かれており，座標 x が大きくなる向きに，一定の速度 (v) で平行移動しているとしよう．さて，運動している棒の長さはいくらになるだろうか．その長さは，次の二つの操作によって知ることができるだろう．

a. ものさしと測定すべき剛体棒をもって運動している観測者が，剛体棒，観測者，ものさしのすべてが静止しているかのように，ものさしを使って剛体棒の長さを測定する．
b. 観測者が，静止している複数の時計を用いて，与えられた時刻 t に，測定すべき剛体棒の先端および末端が通過した静止系の場所に印をつける．用いる時計は，第1節で説明した方法により，静止系で同期させておくものとする．そうして得た2点間の

距離を，前と同様にものさしを使って——ただし今度は静止しているものさしを使って——測定した結果は，やはり"剛体棒の長さ"と言ってよい長さである．

相対性原理によれば，(a) の操作で求めた長さ——それを"運動系での棒の長さ"と呼ぼう——は，静止している棒の長さ，l に等しくなければならない．

(b) の操作で求めた長さ——それを"静止系での（運動している）棒の長さ"と呼ぼう——を，先の二つの原理にもとづいて求めよう．するとその長さは，l にはならないことが判明するのである．

今日広く用いられている運動学では，上述の二つの操作で求めた長さはまったく同じになるということが，暗黙のうちに仮定されている．換言すれば，時刻 t に運動している剛体は，どこかに静止している場合と幾何学的にはまったく同じであり，それゆえ完全に置き換え可能であるということが，暗黙のうちに仮定されているのである．

さてここで，棒の両端（A 点と B 点）に，静止系で同期させた時計を取り付けよう．それら二つの時計が示す時刻は，そのときたまたま位置した点での"静止系の時刻"につねに一致する．そうなるように，これらの時計を"静止系で同期させた"のである．

さらに，どちらの時計にも，それといっしょに運動する観測者がひとりついていると想像しよう．その二人の

観測者が第1節で定めた方法で，二つの時計を同期させるものとする．光線が，時刻[2] t_A に A 点を出発し，時刻 t_B に B 点で反射され，時刻 t'_A に A に戻る．このとき，光速度一定の原理を考慮すると，

$$t_B - t_A = \frac{r_{AB}}{V-v}$$

および

$$t'_A - t_B = \frac{r_{AB}}{V+v}$$

となる．ここで r_{AB} は，運動している棒を静止系で測ったときの長さを表す．こうして，棒といっしょに運動している観測者は，二つの時計は同期していないという結果を得るのに対し，静止系にいる観測者は，二つの時計は合っていると主張することになる．

このことから，同時性というものに絶対的な意味は与えられないことがわかる．二つの出来事が，ある座標系では同時刻に起こったように見えても，その座標系に対して運動している別の座標系では，もはや同時刻の出来事とは考えられないのである．

---

(2) ここでいう"時刻"は，"静止系の時刻"と，"考察下の場所を通過した，運動している時計の針が指している時刻"の両方を指す．

3. 座標と時間の変換理論：静止系から，それに対して等速度で並進運動をしている別の座標系へ

"静止"空間に二つの座標系があるとしよう．つまり，固い物質でできた3本の線が，互いに直交するように一点から出ている系が，二つあるものとしよう．これら二つの座標系は，X軸が一致し，Y軸とZ軸はそれぞれ互いに平行になっているとする．また，どちらの座標系にも，硬いものさしが1本と，たくさんの時計が用意されている．それら2本のものさしと，二つの系に置かれた時計はすべてまったく同じものとする．

さて，これら二つのうち一方の座標系（k系としよう）の原点を，静止している他方の座標系（K系としよう）の，xの値が増加する向きに，（一定の）速度vで運動させよう．そしてその新しい速度を，k系の三つの軸と，この系に備えつけたものさしと時計にも与えるものとする．このとき，静止系Kの各時刻tに対し，運動系kの軸の位置が決まる．対称性から，時刻t（"t"はつねに静止系の時刻を表す）において，運動系kは，その座標軸が静止系の座標軸と平行になるように運動すると仮定してよい．

次に，空間の測定を考えよう．静止系Kでは静止しているものさしを使い，運動系kでは系とともに運動しているものさしを使う．その結果，静止系Kでは座標x, y, z，運動系kでは座標ξ, η, ζが得られたとしよう．さらに，静止系での時刻tを，静止系で静止している時

計を用い，時計の置かれているすべての点について，第1節に説明した光の信号の方法で定める．同様に，やはり第1節で述べた光の信号の方法で，運動系で静止している時計の存在するすべての点について，運動系での時刻 τ を定める．

静止系 K で起こった出来事の場所と時刻を完全に指定する，x, y, z, t の値の組すべてに対し，運動系 k でのその出来事の場所と時刻を完全に指定する，ξ, η, ζ, τ の値の組が存在する．問題は，これらの量を関係づける連立方程式を求めることである．

まずはじめに，求めるべき方程式は明らかに，一次方程式でなければならない．なぜなら時間と空間はいずれも均質だと考えられるからである．

$x' = x - vt$ とおくと，k 系で静止している点の座標は，明らかに，時間に依存しない一定の値の組，x', y, z をもつ．まず τ を，x', y, z, t の関数として求めよう．そのためには，τ はじっさいには，k 系に静止している時計——第1節で述べた規則によって同期させた時計——から得られる情報の総体であるということを，方程式の形で表さなければならない．

時刻 τ_0 に，k 系の原点から X 軸に沿って放出された光線が x' に向かい，時刻 τ_1 に x' で反射されて原点に向かい，時刻 τ_2 に原点に戻ったとしよう．このとき，

$$\frac{1}{2}(\tau_0 + \tau_2) = \tau_1$$

が成り立たなければならない．関数 τ の引数を書き入れ，静止系で光速度一定の原理を用いると，

$$\frac{1}{2}\left[\tau(0,0,0,t)+\tau\left(0,0,0,\left\{t+\frac{x'}{V-v}+\frac{x'}{V+v}\right\}\right)\right]$$
$$=\tau\left(x',0,0,t+\frac{x'}{V-v}\right)$$

となる．x' を無限小にすると，

$$\frac{1}{2}\left(\frac{1}{V-v}+\frac{1}{V+v}\right)\frac{\partial\tau}{\partial t}=\frac{\partial\tau}{\partial x'}+\frac{1}{V-v}\frac{\partial\tau}{\partial t}$$

すなわち

$$\frac{\partial\tau}{\partial x'}+\frac{v}{V^2-v^2}\frac{\partial\tau}{\partial t}=0$$

を得る．

ここで注意すべきは，光線の出た点は，座標の原点にかぎらず，どの点でもよいということである．したがって，今導いた式は，x',y,z のどんな値に対しても成り立つ．

同じ議論を H 軸と Z 軸[2]にも当てはめると，静止系で観測すれば，光はつねにこれらの軸に沿って速度 $\sqrt{V^2-v^2}$ で伝わることを思い出すと，

$$\frac{\partial\tau}{\partial y}=0,$$
$$\frac{\partial\tau}{\partial z}=0$$

となる．τ は一次の関数なので，これらの方程式から次の関係が得られる．

$$\tau = a\left(t - \frac{v}{V^2 - v^2}x'\right).$$

ここで a は，今のところ未知の関数 $\varphi(v)$ である．また，話を簡単にするために，$t=0$ のとき，k 系の原点で $\tau=0$ と仮定しよう．

この結果から，ξ, η, ζ という量を容易に求めることができる．そのためには，光は運動系で測っても速度 V で伝わるということを（相対性原理だけでなく，光速度一定の原理からも，そうでなければならない），方程式で表せばよい．ξ の増える向きに，時刻 $\tau=0$ に放出された光線については，

$$\xi = V\tau,$$

すなわち

$$\xi = aV\left(t - \frac{v}{V^2 - v^2}x'\right)$$

となる．しかし静止系で測ると，その光線は k 系の原点に対して速度 $V-v$ で動いているので，

$$\frac{x'}{V-v} = t$$

となる．この t の値を ξ の式に代入すると

$$\xi = a\frac{V^2}{V^2 - v^2}x'$$

を得る．同様に，光線が他の二つの軸に沿って運動する場合を考えると，まず η に関しては，

$$\eta = V\tau = aV\left(t - \frac{v}{V^2 - v^2}x'\right)$$

だが,

$$\frac{y}{\sqrt{V^2 - v^2}} = t; \quad x' = 0$$

なので,

$$\eta = a\frac{V}{\sqrt{V^2 - v^2}}y$$

となる．次に ξ に関しても

$$\zeta = a\frac{V}{\sqrt{V^2 - v^2}}z$$

を得る．

x' について，その値を代入すると

$$\tau = \varphi(v)\beta\left(t - \frac{v}{V^2}x\right),$$

$$\xi = \varphi(v)\beta(x - vt),$$

$$\eta = \varphi(v)y,$$

$$\zeta = \varphi(v)z$$

を得る．ここで,

$$\beta = \frac{1}{\sqrt{1 - \left(\dfrac{v}{V}\right)^2}}$$

であり，φ は，今のところ v の未知の関数である．運動系の最初の位置，および τ がゼロになる点について，と

くに仮定を置かないのであれば，これら方程式の各右辺に定数をつけ加えておかなければならない．

さてここで，もしも——先に仮定したように——静止系で光線はすべて速度 V で伝わるのなら，運動系で測定した光線もすべて速度 V で伝わるということを証明しなければならない．というのは，光速度一定の原理が相対性原理と両立するということは，まだ証明されていないからである．

時刻 $t=\tau=0$ に，原点から球面波が出るものとしよう．この時刻では，二つの系の原点は共通であり，またその球面波は，K 系では速度 V で伝わるものとする．したがって，この波の到達点のひとつを (x,y,z) とすると，
$$x^2+y^2+z^2 = V^2t^2$$
が成り立つ．

この方程式を，先に示した変換式を使って変換すると，簡単な計算の結果，
$$\xi^2+\eta^2+\zeta^2 = V^2\tau^2$$
を得る．

したがって，この波は運動系から見ても，やはり光速度 V で伝わる球面波となる．こうして，二つの基本原理は両立することが証明された[3]．

ここで導いた変換式には v の未知関数 φ も含まれているので，次にその形を求めよう．

そのためには，第三の座標系 K' を導入する．K' 系は k 系に対して $\varXi$ 軸[4]に平行に運動し，その原点は $\varXi$ 軸

に沿って $-v$ の速度で動くようにする．時刻 $t=0$ でこれらの三つの系の原点は一致し，$t=x=y=z=0$ のとき，K' 系の時刻 t' はゼロであるとしよう．K' 系で測った座標を x', y', z' で表す．さきほどの変換式を 2 回使うことによって，次の関係式を得る．

$$t' = \varphi(-v)\beta(-v)\left\{\tau + \frac{v}{V^2}\xi\right\} = \varphi(v)\varphi(-v)t,$$

$$x' = \varphi(-v)\beta(-v)\{\xi + v\tau\} = \varphi(v)\varphi(-v)x,$$

$$y' = \varphi(-v)\eta = \varphi(v)\varphi(-v)y,$$

$$z' = \varphi(-v)\zeta = \varphi(v)\varphi(-v)z.$$

x', y', z' と x, y, z の関係は時間を含まないから，K 系と K' 系は互いに対して静止しており，K 系から K' 系への変換が恒等変換になるのは明らかである．したがって

$$\varphi(v)\varphi(-v) = 1$$

となる．次に $\varphi(v)$ の意味を調べてみよう．k 系の H 軸のうち，$\xi=0, \eta=0, \zeta=0$ と $\xi=0, \eta=l, \zeta=0$ のあいだの部分に注目しよう．H 軸のこの部分は，K 系に対しては，軸に垂直に速度 V で動いている棒となり，その両端は次の座標で表される．

$$x_1 = vt, \quad y_1 = \frac{l}{\varphi(v)}, \quad z_1 = 0,$$

$$x_2 = vt, \quad y_2 = 0, \quad z_2 = 0.$$

したがって，K 系で測ったこの棒の長さは $l/\varphi(v)$ である．このことから関数 φ の意味がわかる．対称性から，静止系の座標軸に垂直に動く棒の長さを静止系で計った値

は速度だけに依存し，運動の方向，およびその符号には無関係でなければならないことは，いまや明らかである．したがって，運動している棒を静止系で計った長さは，v を $-v$ で置き換えても変わらない．結局，

$$\frac{l}{\varphi(v)} = \frac{l}{\varphi(-v)},$$

すなわち

$$\varphi(v) = \varphi(-v)$$

である．この関係式と，すでに示した関係式とから $\varphi(v) = 1$ が得られ，すでに求めた変換式は次の形になる．

$$\tau = \beta\left(t - \frac{v}{V^2}x\right),$$
$$\xi = \beta(x - vt),$$
$$\eta = y,$$
$$\zeta = z.$$

ここで

$$\beta = \frac{1}{\sqrt{1 - \left(\dfrac{v}{V}\right)^2}}$$

である．

4. 運動する剛体と運動する時計について得られた式の物理的意味

運動系 k に対して静止していて，中心が k 系の原点に

あるような，半径 R の剛体球[3]を考えよう．この球が，k 系に対して速度 v で運動しているとき，その表面の方程式は，

$$\xi^2 + \eta^2 + \zeta^2 = R^2$$

で表される．時刻 $t=0$ におけるこの表面の方程式を x, y, z で表すと，

$$\frac{x^2}{\left(\sqrt{1-\left(\frac{v}{V}\right)^2}\right)^2} + y^2 + z^2 = R^2$$

となる．したがって，静止しているときは球形であるような剛体は，運動しているときには——静止系で考えれば——軸の長さが次式で与えられる回転楕円体になる．

$$R\sqrt{1-\left(\frac{v}{V}\right)^2}, R, R.$$

このように，球は（そして形によらずあらゆる剛体は），Y 方向と Z 方向には，運動のために変化したようには見えないが，X 方向には，$1:\sqrt{1-(v/V)^2}$ の比率で収縮して見える．つまり，v の値が大きければ大きいほど，収縮の程度も大きくなる．$v=V$ のときには，あらゆる運動物体は——"静止系"で考えれば——平たくつぶれてしまう．また，光速度より大きな速度のときには，この考察には意味がなくなる．この後で見るように，この理論では，光の速度は物理的に，無限大の速度の役割を演じる．

---

[3] つまり，静止しているときに球形であるような物体．

同じことが，"静止"座標系で静止している物体を，一定の速度で運動している座標系から見たときにも言えるのは明らかである．

　さらに，時計のひとつが，静止系で静止しているときには時刻 t を示し，運動系で静止しているときには時刻 τ を示す——その時計を k 系の原点に置き，時刻 τ を示すようにした——としよう．静止系で見たとき，この時計の進み方はどうなるだろうか．

　時計の位置に関する量 x, t および τ は，明らかに次の式を満たす．

$$\tau = \frac{1}{\sqrt{1-\left(\frac{v}{V}\right)^2}}\left(t - \frac{v}{V^2}x\right),$$

$$x = vt.$$

したがって

$$\tau = t\sqrt{1-\left(\frac{v}{V}\right)^2} = t - \left(1 - \sqrt{1-\left(\frac{v}{V}\right)^2}\right)t$$

となる．この式から次のことがいえる．静止系から見れば，時計の示す時刻は1秒あたり $(1-\sqrt{1-(v/V)^2})$ 秒だけ遅れる．4次以上の量を無視すると，$\frac{1}{2}(v/V)^2$ 秒だけ遅れる．

　このことから次のような奇妙な結果が導かれる．K 系の2点 A と B にそれぞれ静止した時計があって，静止系で見たときに，同期しているものとする．A の時計が直線 AB に沿って，速度 v で B に運ばれたとすると，B

に着いたときには、これら二つの時計はもはや同期していない．AからBへ運ばれた時計は、Bに最初からあったもう一方の時計よりも、（4次以上の量を無視して）$\frac{1}{2}tv^2/V^2$秒だけ遅れているだろう．ここでtは、AからBへ時計が移動するためにかかる時間である．

仮に時計が任意の多角形をなす経路を通ってAからBに運ばれても、さらには点Aと点Bとが一致しても、この結果が成り立つことはすぐにわかるだろう[5]．

経路が多角形をなす場合に示された結果が、連続的にカーブした経路でも成り立つと仮定すると、次の結果が得られる．すなわち、点Aに、同期している時計が二つあるとして、そのうちの一方が、閉じた曲線に沿って一定の速度で進み、時間tののちにAに戻ってきたとすると、この時計は動いていない時計よりも、$\frac{1}{2}t(v/V)^2$秒だけ遅れているだろう．このことから、赤道上にあるぜんまい式時計[6]は、両極のどちらかにある、あらゆる点で同じ時計よりも、ほんの少しだけゆっくりと進むはずだと結論される．

5. 速度の加法定理

K系のX軸に沿って速度vで動いているk系で、次の式にしたがって運動している点があるとしよう．

$$\xi = w_\xi \tau,$$
$$\eta = w_\eta \tau,$$
$$\zeta = 0.$$

ここで, ω_ξ と ω_η は定数である.

K 系に対するこの点の運動を求めよう. 第 3 節で導いた変換公式を使って, その点の運動方程式に量 x, y, z, t を導入すると,

$$x = \frac{w_\xi + v}{1 + \dfrac{v w_\xi}{V^2}} t,$$

$$y = \frac{\sqrt{1 - \left(\dfrac{v}{V}\right)^2}}{1 + \dfrac{v w_\xi}{V^2}} w_\eta t,$$

$$z = 0$$

を得る. つまりこの理論では, 速度に関するベクトルの加法法則は, 第一近似までしか成立しない. ここで,

$$U^2 = \left(\frac{dx}{dt}\right)^2 + \left(\frac{dy}{dt}\right)^2,$$

$$w^2 = w_\xi^2 + w_\eta^2,$$

$$\alpha = \arctan \frac{w_y}{w_x} \text{[7]}$$

とおく. α は, 二つの速度 v と w とのあいだの角度と見なすべきものである. 簡単な計算から, 次の式を得る.

$$U = \frac{\sqrt{(v^2 + w^2 + 2vw \cos \alpha) - \left(\dfrac{vw \sin \alpha}{V}\right)^2}}{1 + \dfrac{vw \cos \alpha}{V^2}}.$$

こうして得られた速度の式に, v と w が対称的に入って

いることに注目しよう. w も X 軸 (Ξ 軸) の方向を向いているとすると,

$$U = \frac{v+w}{1+\frac{vw}{V^2}}$$

となる. V より小さな二つの速度を合成するこの式から得られる速度は, つねに V より小さい. なぜなら, κ と λ を V より小さい正の値として, $v=V-\kappa, w=V-\lambda$ とすると,

$$U = V\frac{2V-\kappa-\lambda}{2V-\kappa-\lambda+\frac{\kappa\lambda}{V}} < V$$

となるからである.

また, 光速度 V に, "光速度より小さな速度" を加えても, 光速度は変わらない. この場合には

$$U = \frac{V+w}{1+\frac{w}{V}} = V$$

となる. また, v と w の向きが同じ場合には, 第3節で述べた方法にしたがって二つの変換を組み合わせると, U に対する式が得られる. 第3節で扱った K 系と k 系に加えて, k 系に対して平行に運動する第3の系 k' を導入しよう. この系の原点は Ξ 軸に沿って速度 w で進むものとする. このとき, 量 x, y, z, t と, k' 系でこれらに対応する量とを結ぶ方程式が得られる. この式と, 第3節で k

系の量を導いた式との唯一の違いは，"v" が

$$\frac{v+w}{1+\dfrac{vw}{V^2}}$$

に置き換わったということである．したがって，当然ながら，このような平行な運動の変換はひとつの群をなすことがわかる．

以上，二つの原理に対応する運動学の法則を導いたので，次に，それらの法則を電気力学に応用していこう．

B　電気力学の部

6. 真空に対するマクスウェル‐ヘルツ方程式の変換．磁場中での運動によって生じる起電力の性質について

真空に対するマクスウェル‐ヘルツ方程式が，静止系 K で成り立っているとしよう．その式は次のように表される．

$$\frac{1}{V}\frac{\partial X}{\partial t} = \frac{\partial N}{\partial y} - \frac{\partial M}{\partial z}, \quad \frac{1}{V}\frac{\partial L}{\partial t} = \frac{\partial Y}{\partial z} - \frac{\partial Z}{\partial y},$$
$$\frac{1}{V}\frac{\partial Y}{\partial t} = \frac{\partial L}{\partial z} - \frac{\partial N}{\partial x}, \quad \frac{1}{V}\frac{\partial M}{\partial t} = \frac{\partial Z}{\partial x} - \frac{\partial X}{\partial z},$$
$$\frac{1}{V}\frac{\partial Z}{\partial t} = \frac{\partial M}{\partial x} - \frac{\partial L}{\partial y}, \quad \frac{1}{V}\frac{\partial N}{\partial t} = \frac{\partial X}{\partial y} - \frac{\partial Y}{\partial x}.$$

ここで，(X, Y, Z) は電気力のベクトルを，(L, M, N) は磁気力のベクトルを表す．

電磁気的過程を第3節で導入した速度 v で運動する座標系に関係づけるために，そこで導いた変換をこれらの方程式にあてはめると，次式を得る．

$$\frac{1}{V}\frac{\partial X}{\partial \tau} = \frac{\partial \beta\left(N - \frac{v}{V}Y\right)}{\partial \eta} - \frac{\partial \beta\left(M + \frac{v}{V}Z\right)}{\partial \zeta},$$

$$\frac{1}{V}\frac{\partial \beta\left(Y - \frac{v}{V}N\right)}{\partial \tau} = \frac{\partial L}{\partial \zeta} - \frac{\partial \beta\left(N - \frac{v}{V}Y\right)}{\partial \xi},$$

$$\frac{1}{V}\frac{\partial \beta\left(Z + \frac{v}{V}M\right)}{\partial \tau} = \frac{\partial \beta\left(M + \frac{v}{V}Z\right)}{\partial \xi} - \frac{\partial L}{\partial \eta},$$

$$\frac{1}{V}\frac{\partial L}{\partial \tau} = \frac{\partial \beta\left(Y - \frac{v}{V}N\right)}{\partial \zeta} - \frac{\partial \beta\left(Z + \frac{v}{V}M\right)}{\partial \eta},$$

$$\frac{1}{V}\frac{\partial \beta\left(M + \frac{v}{V}Z\right)}{\partial \tau} = \frac{\partial \beta\left(Z + \frac{v}{V}M\right)}{\partial \xi} - \frac{\partial X}{\partial \zeta},$$

$$\frac{1}{V}\frac{\partial \beta\left(N - \frac{v}{V}Y\right)}{\partial \tau} = \frac{\partial X}{\partial \eta} - \frac{\partial \beta\left(Y - \frac{v}{V}N\right)}{\partial \xi}.$$

ここで，

$$\beta = \frac{1}{\sqrt{1 - \left(\frac{v}{V}\right)^2}}$$

である．

相対性原理によれば，真空に対するマクスウェル-ヘルツ方程式が K 系で成り立つならば，k 系でも成り立たなければならない．つまり，運動系 k での電気力

(X', Y', Z') と磁気力 (L', M', N') は,次の式を満たさなければならない.なお,これらの力は,運動系において電荷および磁荷に及ぼす動重力(pondermotorischen Wirkungen; ponderomotive effects)により定義される.

$$\frac{1}{V}\frac{\partial X'}{\partial \tau} = \frac{\partial N'}{\partial \eta} - \frac{\partial M'}{\partial \zeta}, \quad \frac{1}{V}\frac{\partial L'}{\partial \tau} = \frac{\partial Y'}{\partial \zeta} - \frac{\partial Z'}{\partial \eta},$$

$$\frac{1}{V}\frac{\partial Y'}{\partial \tau} = \frac{\partial L'}{\partial \zeta} - \frac{\partial N'}{\partial \xi}, \quad \frac{1}{V}\frac{\partial M'}{\partial \tau} = \frac{\partial Z'}{\partial \xi} - \frac{\partial X'}{\partial \zeta},$$

$$\frac{1}{V}\frac{\partial Z'}{\partial \tau} = \frac{\partial M'}{\partial \xi} - \frac{\partial L'}{\partial \eta}, \quad \frac{1}{V}\frac{\partial N'}{\partial \tau} = \frac{\partial X'}{\partial \eta} - \frac{\partial Y'}{\partial \xi},$$

k 系についての2組の連立方程式は当然ながら,厳密に同じでなければならない.なぜなら,2組の連立方程式はどちらも,K 系でのマクスウェル–ヘルツ方程式に等しいからである.さらに,二つの座標系での連立方程式は,ベクトルの記号以外は同じなので,対応する方程式の関数は,ある因子 $\psi(v)$ を別にして一致しなければならない——この因子は,一方の連立方程式のすべての関数に共通で,ξ, η, ζ, τ には依存しないが v には依存してもよい.したがって,次の関係が得られる.

$$X' = \psi(v)X, \qquad L' = \psi(v)L,$$
$$Y' = \psi(v)\beta\Big(Y - \frac{v}{V}N\Big), \quad M' = \psi(v)\beta\Big(M + \frac{v}{V}Z\Big),$$
$$Z' = \psi(v)\beta\Big(Z + \frac{v}{V}M\Big), \quad N' = \psi(v)\beta\Big(N - \frac{v}{V}Y\Big).$$

さて,まずはじめに今得られた連立方程式を解き,次に

それらの方程式に対して，速度 $-v$ で特徴づけられる逆変換（k 系から K 系への変換）を施す．こうして得られる二組の連立方程式が同じものでなければならないことを考慮すると，次の関係が得られる．
$$\varphi(v)\cdot\varphi(-v) = 1.$$
さらに，対称性から[4]
$$\varphi(v) = \varphi(-v)$$
であることがわかる．したがって，
$$\varphi(v) = 1$$
であり，先の方程式は次の形になる．

$$X' = X, \qquad L' = L,$$
$$Y' = \beta\Big(Y - \frac{v}{V}N\Big), \quad M' = \beta\Big(M + \frac{v}{V}Z\Big),$$
$$Z' = \beta\Big(Z + \frac{v}{V}M\Big), \quad N' = \beta\Big(N - \frac{v}{V}Y\Big).$$

これらの方程式を解釈するにあたっては，次のことに注意しよう．まず点状電荷を考えよう．電荷の大きさは，静止系 K で測定したときの値を 1 とする．つまり，その電荷が静止系で静止しているとき，1 cm 離れたところにある同じ大きさの電荷に対し，1 dyn の力を及ぼすものとする．相対性原理によれば，この電荷の大きさを運動系で

---

(4) たとえば，$X=Y=Z=L=M=0$ で $N\neq 0$ のとき，v がその数値を変えることなく符号を変えれば，Y' もまたその数値を変えることなく符号を変えなければならないことは，対称性から明らかである．

測定しても，やはりその大きさは 1 でなければならない．この電荷が静止系で静止していれば，定義により，ベクトル (X, Y, Z) は電荷に作用する力に等しい．一方，電荷が運動系で静止していれば（少なくともここで考えている瞬間に静止しているなら），電荷に作用する力を運動系で測定したものは，ベクトル (X', Y', Z') に等しい．したがって，上の方程式の左側の三式は，次のように二通りに表現することができる．

1. 大きさが 1 の点状電荷が電磁場のなかを運動すれば，この電荷に対して，電気力のほかに"起電力"が作用する．この力は，v/V の 2 次以上の因子を含む項を無視するなら，その電荷の運動速度と磁気力とのベクトル積を，光の速度で割ったものに等しい（古い表現法）．
2. 大きさが 1 の点状電荷が電磁場のなかを運動すれば，それに作用する力は，そのとき電荷の占める位置での電気力に等しい．その電気力は，はじめの電磁場を，大きさが 1 の電荷に対して静止しているような座標系に変換することによって得られる（新しい表現法）．

同様のことは，"起磁力"[8] についても言える．ここで作った理論のなかでは，起電力は，単に補助概念の役割しかはたしていないことがわかる．それが導入されるのは，

電気力と磁気力は,座標系の運動状態と無関係に存在するものではないという事情のためである.

また,序論で述べた,磁石と導体とを相対的に動かすことによって生じる電流の取り扱いにみられた非対称性が,新しい理論ではなくなっていることが見てとれる.さらに,電気力学的な起電力が起こる"場所"についての問題(単極発電機)は,意味のないものになる.

7. ドップラーの原理と光行差の理論

K 系の座標原点から遠く離れたところに,電気力学的な波源があるものとしよう.その波は,座標原点を含む空間領域では,十分な精度で次の方程式で表される.

$$X = X_0 \sin \Phi, \quad L = L_0 \sin \Phi,$$
$$Y = Y_0 \sin \Phi, \quad M = M_0 \sin \Phi,$$
$$Z = Z_0 \sin \Phi, \quad N = N_0 \sin \Phi,$$
$$\Phi = \omega \left(t - \frac{ax + by + cz}{V} \right).$$

ここで,(X_0, Y_0, Z_0) と (L_0, M_0, N_0) とは,波列の振幅を定めるベクトルで,a, b, c は,波列に立てた法線の方向余弦である.

運動系 k で静止している観測者が調べるときの,これらの波の性質を知りたい.第6節で得た,電気力と磁気力についての方程式と,第3節で得た,座標と時間についての変換式を用いると,ただちに以下の式を得る.

$$X' = X_0 \sin \Phi', \qquad L' = L_0 \sin \Phi',$$
$$Y' = \beta\left(Y_0 - \frac{v}{V} N_0\right) \sin \Phi', \quad M' = \beta\left(M_0 + \frac{v}{V} Z_0\right) \sin \Phi',$$
$$Z' = \beta\left(Z_0 + \frac{v}{V} M_0\right) \sin \Phi', \quad N' = \beta\left(N_0 - \frac{v}{V} Y_0\right) \sin \Phi',$$
$$\Phi' = \omega'\left(\tau - \frac{a'\xi + b'\eta + c'\zeta}{V}\right).$$

ここで,
$$\omega' = \omega \beta \left(1 - a\frac{v}{V}\right),$$
$$a' = \frac{a - \dfrac{v}{V}}{1 - a\dfrac{v}{V}},$$
$$b' = \frac{b}{\beta\left(1 - a\dfrac{v}{V}\right)},$$
$$c' = \frac{c}{\beta\left(1 - a\dfrac{v}{V}\right)}$$

とおいた.

ω' についての式から次のことがいえる. 無限遠から振動数 ν の光を出す光源に対し, 観測者が速度 v で相対運動しており, 光源と観測者とを結ぶ線が, 観測者の速度——この速度は, 光源に対して静止している座標系についてのものとする——に対して角度 φ をなすとき, 観測者が見る光の振動数 ν' は次の式で与えられる.

$$\nu' = \nu \frac{1 - \cos\varphi \dfrac{v}{V}}{\sqrt{1 - \left(\dfrac{v}{V}\right)^2}}.$$

これは任意の速度についてのドップラーの原理である．$\varphi = 0$ のときには，式は次のように簡単になる．

$$\nu' = \nu \sqrt{\frac{1 - \dfrac{v}{V}}{1 + \dfrac{v}{V}}}.$$

一般に考えられているのとは異なり，$v = -\infty$ のとき，$\nu = \infty$ となることがわかる[9]．

運動系での波列に立てた法線（光線の進行方向）と，光源と観測者とを結ぶ線[10]のなす角を φ' とすれば，α'[11] についての式は次の形をとる．

$$\cos\varphi' = \frac{\cos\varphi - \dfrac{v}{V}}{1 - \dfrac{v}{V}\cos\varphi}.$$

この式は，光行差の法則をもっとも一般的な形で表したものである．$\varphi = \pi/2$ のときには，この式は

$$\cos\varphi' = -\frac{v}{V}$$

という簡単な形になる．

運動系で見たときの波の振幅を求めなければならない．静止系で測定した電気力または磁気力の振幅を A，運動

系で測定した振幅を A' とすれば，

$$A'^2 = A^2 \frac{\left(1 - \dfrac{v}{V}\cos\varphi\right)^2}{1 - \left(\dfrac{v}{V}\right)^2}$$

を得る．この式は，$\varphi = 0$ のときに簡単になって，

$$A'^2 = A^2 \frac{1 - \dfrac{v}{V}}{1 + \dfrac{v}{V}}$$

となる．

これらの結果から，速度 V で光源に近づく観測者には，光源は無限に強い光を発しているように見えるはずである．

8. 光線のエネルギーの変換．完全反射鏡にかかる放射圧の理論

$A^2/8\pi$ は単位体積あたりの光のエネルギーに等しいから，相対性原理によれば，$A'^2/8\pi$ は運動系における光のエネルギーと考えなければならない．それゆえ，もしも与えられた光線群の体積が，静止系 K と運動系 k のどちらで測定されても同じなら，A'^2/A^2 は，"運動しているときに測定された"エネルギーと，"静止しているときに測定された"エネルギーとの比であるはずだ．しかし，そうはならないのである．a, b, c を，静止系で光波に立てた法線の方向余弦とすると，光速度で運動している球面

$$(x - Vat)^2 + (y - Vbt)^2 + (z - Vct)^2 = R^2$$

の面素を通り抜けるエネルギーは存在しない.したがって,この面はその光線群を永久に封じ込めると言ってよい.この面によって封じ込められたエネルギーの量を k 系で見たもの,すなわち,k 系に対して相対的な運動をする光線群のエネルギーの量について調べる.

運動系で考えれば,球面は楕円体面で,時刻 $\tau=0$ でのその方程式は,

$$\left(\beta\xi - a\beta\frac{v}{V}\xi\right)^2 + \left(\eta - b\beta\frac{v}{V}\xi\right)^2 + \left(\zeta - c\beta\frac{v}{V}\xi\right)^2 = R^2$$

となる.S を球の体積とし,S' を楕円体面の体積とすれば,簡単な計算から次のことがわかる.

$$\frac{S'}{S} = \frac{\sqrt{1-\left(\frac{v}{V}\right)^2}}{1-\frac{v}{V}\cos\varphi}.$$

この面によって封じ込められたエネルギーを静止系で測定したものを E,運動系で測定したものを E' とすると,次の式を得る.

$$\frac{E'}{E} = \frac{\dfrac{A'^2}{8\pi}S'}{\dfrac{A^2}{8\pi}S} = \frac{1-\dfrac{v}{V}\cos\varphi}{\sqrt{1-\left(\dfrac{v}{V}\right)^2}}.$$

この式は,$\varphi=0$ のとき,次のように簡単になる.

$$\frac{E'}{E} = \sqrt{\frac{1-\dfrac{v}{V}}{1+\dfrac{v}{V}}}.$$

 光線群のエネルギーと振動数とは,観測者の運動状態に応じて,同じ法則に従って変化することに注意しよう.

 さて,$\xi=0$ の座標平面を完全反射面とし,第7節で考察した平面波がその面で反射されるとしよう.そのとき反射面にかかる光の圧力と,反射された後の光の進行方向,振動数,強度を調べる.

 入射光は,$A, \cos\varphi, \nu$(K 系で見た量)で定義されているとしよう.k 系から見たときに,これらに対応する量は,次のようになる.

$$A' = A\frac{1-\dfrac{v}{V}\cos\varphi}{\sqrt{1-\left(\dfrac{v}{V}\right)^2}},$$

$$\cos\varphi' = \frac{\cos\varphi - \dfrac{v}{V}}{1-\dfrac{v}{V}\cos\varphi},$$

$$\nu' = \nu\frac{1-\dfrac{v}{V}\cos\varphi}{\sqrt{1-\left(\dfrac{v}{V}\right)^2}}.$$

この過程を k 系で記述すると,反射光について次の式を得る.

$$A'' = A',$$
$$\cos\varphi'' = -\cos\varphi',$$
$$\nu'' = \nu'$$

最後に,静止系 K の量にもどすと,反射光について次式を得る.

$$A''' = A''\frac{1+\dfrac{v}{V}\cos\varphi''}{\sqrt{1-\left(\dfrac{v}{V}\right)^2}} = A\frac{1-2\dfrac{v}{V}\cos\varphi+\left(\dfrac{v}{V}\right)^2}{1-\left(\dfrac{v}{V}\right)^2},$$

$$\cos\varphi''' = \frac{\cos\varphi''+\dfrac{v}{V}}{1+\dfrac{v}{V}\cos\varphi''} = -\frac{\left(1+\left(\dfrac{v}{V}\right)^2\right)\cos\varphi-2\dfrac{v}{V}}{1-2\dfrac{v}{V}\cos\varphi+\left(\dfrac{v}{V}\right)^2},$$

$$\nu''' = \nu''\frac{1+\dfrac{v}{V}\cos\varphi''}{\sqrt{1-\left(\dfrac{v}{V}\right)^2}} = \nu\frac{1-2\dfrac{v}{V}\cos\varphi+\left(\dfrac{v}{V}\right)^2}{\left(1-\dfrac{v}{V}\right)^2}. \quad [12]$$

鏡の単位面積に単位時間に入射する(静止系で測定された)エネルギーは,$A^2/8\pi(V\cos\varphi-v)$ であることはすぐにわかる.鏡の表面の単位面積から単位時間に出て行くエネルギーは,$A'''^2/8\pi(-V\cos\varphi'''+v)$ である.エネルギー保存の原理によれば,この二つの式の差は,光の圧力によって単位時間になされた仕事である.P を光の圧力として,この仕事を積 Pv に等しいとおけば,次式を得る.

$$P = 2\frac{A^2}{8\pi}\frac{\left(\cos\varphi-\dfrac{v}{V}\right)^2}{1-\left(\dfrac{v}{V}\right)^2}.$$

1次までの近似で，実験や他の理論と合う次の式が得られる．

$$P = 2\frac{A^2}{8\pi}\cos^2\varphi.$$

運動物体の光学の問題はすべて，ここで用いた方法によって解くことができる．重要なのは，運動物体の影響を受ける光の電場および磁場が，その物体に対して静止している座標系へと変換されるということである．この方法により，運動物体の光学の問題はすべて，静止物体の光学の問題になる．

9. マクスウェル - ヘルツ方程式の変換．対流電流を考慮した場合

次の式から出発する．

$$\frac{1}{V}\left\{u_x\rho+\frac{\partial X}{\partial t}\right\}=\frac{\partial N}{\partial y}-\frac{\partial M}{\partial z}, \quad \frac{1}{V}\frac{\partial L}{\partial t}=\frac{\partial Y}{\partial z}-\frac{\partial Z}{\partial y},$$

$$\frac{1}{V}\left\{u_y\rho+\frac{\partial Y}{\partial t}\right\}=\frac{\partial L}{\partial z}-\frac{\partial N}{\partial x}, \quad \frac{1}{V}\frac{\partial M}{\partial t}=\frac{\partial Z}{\partial x}-\frac{\partial X}{\partial z},$$

$$\frac{1}{V}\left\{u_z\rho+\frac{\partial Z}{\partial t}\right\}=\frac{\partial M}{\partial x}-\frac{\partial L}{\partial y}, \quad \frac{1}{V}\frac{\partial N}{\partial t}=\frac{\partial X}{\partial y}-\frac{\partial Y}{\partial x}.$$

ここで，

$$\rho = \frac{\partial X}{\partial x}+\frac{\partial Y}{\partial y}+\frac{\partial Z}{\partial z}$$

は電荷密度に 4π を掛けたものであり，(u_x, u_y, u_z) は電荷の速度ベクトルを表す．電荷が小さな剛体（イオン，電

子）にずっと拘束されていると考えるなら，これらの方程式は，ローレンツによる運動物体の電気力学および光学の，電磁気学的基礎となるものである．

これらの方程式が K 系で正しいとして，第3節と第6節で示した変換式を用いて k 系に変換すると，次の方程式を得る．

$$\frac{1}{V}\left\{u_\xi \rho' + \frac{\partial X'}{\partial \tau}\right\} = \frac{\partial N'}{\partial \eta} - \frac{\partial M'}{\partial \zeta}, \quad \frac{1}{V}\frac{\partial L'}{\partial \tau} = \frac{\partial Y'}{\partial \zeta} - \frac{\partial Z'}{\partial \eta},$$

$$\frac{1}{V}\left\{u_\eta \rho' + \frac{\partial Y'}{\partial \tau}\right\} = \frac{\partial L'}{\partial \zeta} - \frac{\partial N'}{\partial \xi}, \quad \frac{1}{V}\frac{\partial M'}{\partial \tau} = \frac{\partial Z'}{\partial \xi} - \frac{\partial X'}{\partial \zeta},$$

$$\frac{1}{V}\left\{u_z \rho' + \frac{\partial Z'}{\partial \tau}\right\} = \frac{\partial M'}{\partial \xi} - \frac{\partial L'}{\partial \eta}, \quad \frac{1}{V}\frac{\partial N'}{\partial \tau} = \frac{\partial X'}{\partial \eta} - \frac{\partial Y'}{\partial \xi}.$$

ここで，

$$\frac{u_x - v}{1 - \frac{u_x v}{V^2}} = u_\xi,$$

$$\frac{u_y}{\beta\left(1 - \frac{u_x v}{V^2}\right)} = u_\eta,$$

$$\frac{u_z}{\beta\left(1 - \frac{u_x v}{V^2}\right)} = u_\zeta$$

であり，

$$\rho' = \frac{\partial X'}{\partial \xi} + \frac{\partial Y'}{\partial \eta} + \frac{\partial Z'}{\partial \zeta} = \beta\left(1 - \frac{vu_x}{V^2}\right)\rho$$

である．速度の加法定理（第5節）から，ベクトル (u_ξ, u_η, u_ζ) は，k 系で測定した電荷の速度にほかならない．

かくして，運動物体の電気力学に関するローレンツの理論は，相対性原理と合致することが，われわれの運動学の基本法則にもとづいて示された．

ここでひとこと付け加えておくと，次の重要な命題は今導いた式から容易に引き出せる．すなわち，帯電した物体が，その物体とともに運動する座標系から見たときに，電荷を変えることなく空間内を適宜運動するなら，その電荷は，"静止"系 K から見ても一定である．

10．（ゆっくり加速された）電子の力学

電荷 ϵ を帯びた粒子（以下ではそれを"電子"と呼ぶ）が，電磁場の中を運動しているとする．その運動の法則については，ただ次のことだけを仮定する．

ある瞬間に電子が静止しているなら，次の瞬間に起こる運動は以下の方程式にしたがう．

$$\mu\frac{d^2x}{dt^2} = \epsilon X,$$
$$\mu\frac{d^2y}{dt^2} = \epsilon Y,$$
$$\mu\frac{d^2z}{dt^2} = \epsilon Z.$$

ここで，x, y, z は，電子の座標を表し，μ は，電子がゆっくり運動する場合の質量を表す．

さらに，ある瞬間における電子の速度を v としよう．その直後に電子が行う運動の法則を調べる．

電子は座標原点にあり，K 系の X 軸に沿って速度 v で運動しているものと考えても一般性を失わない．このとき当然ながら，電子はその瞬間 ($t=0$) に，X 軸に平行に速度 v で進んでいる座標系に対して静止していることになる．

はじめに述べた仮定と相対性原理から明らかなように，k 系で見た電子は，はじめのうち (t が小さいとき)，次の方程式に従って運動する．

$$\mu \frac{d^2\xi}{d\tau^2} = \epsilon X',$$
$$\mu \frac{d^2\eta}{d\tau^2} = \epsilon Y',$$
$$\mu \frac{d^2\zeta}{d\tau^2} = \epsilon Z'.$$

ここで記号 $\xi, \eta, \zeta, \tau, X', Y', Z'$ はすべて k 系に関するものである．また，$t=x=y=z=0$ のとき $\tau=\xi=\eta=\zeta=0$ とすると，第3節と第6節の変換式が使えて，次の式を得る．

$$\tau = \beta\left(t - \frac{v}{V^2}x\right),$$
$$\xi = \beta(x-vt), \qquad X' = X,$$
$$\eta = y, \qquad\qquad Y' = \beta\left(Y - \frac{v}{V}N\right),$$
$$\zeta = z, \qquad\qquad Z' = \beta\left(Z + \frac{v}{V}M\right).$$

これらの式を用いて，上述の方程式を k 系から K 系に変

換すると,

$$\left.\begin{aligned}\frac{d^2x}{dt^2} &= \frac{\epsilon}{\mu}\frac{1}{\beta^3}X, \\ \frac{d^2y}{dt^2} &= \frac{\epsilon}{\mu}\frac{1}{\beta}\Big(Y-\frac{v}{V}N\Big), \\ \frac{d^2z}{dt^2} &= \frac{\epsilon}{\mu}\frac{1}{\beta}\Big(Z+\frac{v}{V}M\Big)\end{aligned}\right\} \quad (\mathrm{A})$$

となる.

普通の方法で,運動している電子の"縦質量"と"横質量"がどうなるかを調べよう.(A)の方程式を次の形に書く.

$$\mu\beta^3\frac{d^2x}{dt^2} = \epsilon X = \epsilon X',$$
$$\mu\beta^3\frac{d^2y}{dt^2} = \epsilon\beta\Big(Y-\frac{v}{V}N\Big) = \epsilon Y',$$
$$\mu\beta^3\frac{d^2z}{dt^2} = \epsilon\beta\Big(Z+\frac{v}{V}M\Big) = \epsilon Z'.$$

まず,$\epsilon X', \epsilon Y', \epsilon Z'$ は,電子と同じ速度で運動している系から見たとき,この瞬間に電子にはたらく動重力の成分値であることに注意しよう.(この力は,たとえば,いま述べた運動系に静止しているバネばかりによって測ることができる.)この力を単に"電子にはたらく力"と呼び[13],式

$$\text{質量} \times \text{加速度} = \text{力}$$

が成り立ち,加速度は静止系 K において測定されるものとすると,先ほどの式から次の定義を得る.

$$縦質量 = \frac{\mu}{\left(\sqrt{1-\left(\frac{v}{V}\right)^2}\right)^3},$$

$$横質量 = \frac{\mu}{1-\left(\frac{v}{V}\right)^2}.$$

もちろん,力と加速後の定義を変えれば,縦質量および横質量の値もまた変わる.したがって,電子の運動に関するさまざまな理論を比較するときには,非常に慎重にならなければならない.

質量に関する以上の結果は,重さのある質点でも成り立つことに注意しよう.なぜなら,重さのある質点は,任意に小さな電荷を付け加えることによって,電子(前述の意味での"電子")にすることができるからである.

次に電子の運動エネルギーを求めよう.電子が K 系の原点から動きはじめ,初速度ゼロで,静電力 X の影響を受けながら,X 軸に沿って進むものとすると,この静電場から電子に与えられるエネルギーは,$\int \epsilon X dx$ という値になる.電子はゆっくり加速されると仮定しているので,放射の形でエネルギーを放出することはなく,静電場の与えるエネルギーは,電子の運動エネルギー W に等しいはずである.この運動の全過程で,連立方程式 (A) の第1式が成り立つことを念頭に置くと,次の式を得る.

$$W = \int \epsilon X dx = \int_0^v \beta^3 v dv$$

$$= \mu V^2 \left\{ \frac{1}{\sqrt{1-\left(\dfrac{v}{V}\right)^2}} - 1 \right\}.$$

このように，$v=V$ のとき，W は無限に大きくなる．前の結果と同様，光よりも速い速度はありえない．

また，上で示した議論により，運動エネルギーに関するこの式も，重さのある物質の場合に成り立たなければならない．

ここで，連立方程式（A）から導かれる，電子の運動の性質で，実験で検証可能なものを列挙しておこう．

1. 連立方程式（A）の第2式からは，次のことがわかる．$Y=Nv/V$ のとき，電気力 Y と磁気力 N は，速度 v で運動する電子の進路に対し，同じ大きさの影響を及ぼす．そこで，われわれの理論を用いれば，任意の速度に対する磁気的偏向 A_m と電気的偏向 A_e の比をとることにより，次の法則から，電子の速度を求めることができる．

$$\frac{A_m}{A_e} = \frac{v}{V}.$$

また，この関係式は実験で検証することができる．というのは，電子の速度は，たとえば高速で振動する電場と磁場を使って直接的に測ることができるからである．

2. 電子の運動エネルギーの導き方からわかるように，電子が通過した2点間の電位差と，そのとき電子が獲得した速度 v とのあいだには，次の関係式が成り立たなければならない．

$$P = \int X dx = \frac{\mu}{\epsilon} V^2 \left\{ \frac{1}{\sqrt{1-\left(\frac{v}{V}\right)^2}} - 1 \right\}.$$

3. 電子の速度に対して垂直方向に作用する磁気力 N が存在するとき（電子の進路を偏向させる力はそれだけであるとして），その電子がたどる経路の曲率半径 R を計算する．連立方程式（A）の2番目の式から，次の式を得る．

$$-\frac{d^2y}{dt^2} = \frac{v^2}{R} = \frac{\epsilon}{\mu} \frac{v}{V} N \cdot \sqrt{1-\left(\frac{v}{V}\right)^2}.$$

したがって，

$$R = V^2 \frac{\mu}{\epsilon} \frac{\frac{v}{V}}{\sqrt{1-\left(\frac{v}{V}\right)^2}} \cdot \frac{1}{N}$$

である．

ここに示した理論によれば，電子が従わなければならない諸法則は，これら三つの関係式によって完全に表される．

最後に，ここで論じた問題に取り組むにあたっては，わたしの友人であり協力者であるベッソ氏の誠実な支えと貴重な助言があった．ここに記して感謝する．

ベルン，1905年6月

編者注

[1] 1913 年に再掲された論文には,「成り立つ」の後に注がつけ加えてあり,「第一近似で成り立つ」と書きこまれている. この論文に付加されたいくつかの注をアインシュタインが書いたのでないにせよ, その内容から, 彼が相談を受けたことが示唆される.

[2] アインシュタインは, 運動系の x', y', z' 軸に対する座標 Ξ, H, Z を導入する.

[3] 1913 年に再掲された論文には, この行の末尾に次の注がつけ加えられた.「ローレンツ変換の式は, 以下の条件からより簡単に直接的に導くことができる. すなわち, これらの連立方程式から, 関係式 $\xi^2 + \eta^2 + \zeta^2 - V^2\tau^2 = 0$ により, $x^2 + y^2 + z^2 - V^2t^2 = 0$ が得られる.」

[4] 注 2 を参照のこと.

[5] この結果はのちに "時計のパラドックス" として知られるようになった. 人間の旅行者を最初にもち込んだのは, 1911 年のランジュヴァンだったようである. そこから "双子のパラドックス" という別名が生じた.

[6] 1913 年に再掲された論文には,「ぜんまい式 (Unruhuhr)」という言葉に, 注がつけられている.「"振子時計" とは異なり, ぜんまい式時計は——物理的な観点から見て——地球が属しているひとつの系である. ぜんまい式の場合は除外しなければならない」

[7] この比は $\dfrac{w_\eta}{w_\xi}$ が正しい.

[8] 「起磁力 (magnetomotorischen Kräft)」という言葉を導入したのは, ヘヴィサイドであった. アインシュタインはのちに,「起磁力」を, 電場のなかを動く単位磁荷に作用する力と定義している.「起電力」の議論で用いられた近似の程度で, 起磁力は $-1/V[\mathbf{v}, \mathbf{E}]$ で与えられる. ここで, $\mathbf{E} = (L, M, N), \mathbf{v} = (v, 0, 0)$ であり, $[\ ]$ はベクトル積である.

[9] 再掲版の別刷りに, アインシュタインは次のように訂正している.「$v = -V$ のとき, $\nu = \infty$ 〔より正確には, $\nu' = \infty$〕である.」

[10] 上述の別刷りでは,「光源と観測者とを結ぶ線」が消され, 行間

に「運動の向き」と書き込まれている.
[11] α は φ とすべき.
[12] 再掲版の別刷りでは,最後の項の分母が $1-\left(\dfrac{v}{V}\right)^2$ と訂正されている.
[13] 1913年の再掲版では,「呼び」に対して,次のような注がつけられている.「M.プランクが最初に指摘したように,ここで与えた定義はあまり良くない.むしろ,運動量とエネルギーの保存則が,もっとも簡単な形になるように力を定義するのがよい」

論文4

物体の慣性は，その物体に含まれる
エネルギーに依存するか

最近わたしがこの雑誌に発表した電気力学の研究結果[1]から，非常に興味深い結論が導かれる．ここに示すのはその結論である．

わたしがその研究の基礎に置いたのは，真空に対するマクスウェル‐ヘルツの方程式と，空間の電磁エネルギーに対するマクスウェルの表式，そして次の原理だった．

物理系の状態変化を支配する法則は，（互いに一定の速度で平行移動している）ふたつの座標系のどちらを用いてそれらの変化を記述するかによらない（相対性原理）．

この基礎[2]の上に立ってわたしが導いた結果のうち，次のものがとくに重要である（前掲論文，第8節）．

光の平面波からなる系が，座標系 (x, y, z) から見たときにエネルギー l をもち，光線の進行方向（波面に対する法線方向）は，その座標系の x 軸と角度 φ をなすものとしよう．座標系 (x, y, z) に対して等速度で平行移動し

---

(1) A. Einstein, *Ann. d. Phys.* 17 (1905): 891 [論文3のこと].
(2) 前の論文で用いた光速度一定の原理は，もちろんマクスウェルの方程式に含まれている．

ている，もうひとつの座標系 (ξ, η, ζ) を導入し，その原点は x 軸に沿って速度 v で動いているとすると，この光の集団のエネルギーは——座標系 (ξ, η, ζ) で測定すると——次のようになる．

$$l^* = l \frac{1 - \dfrac{v}{V} \cos \varphi}{\sqrt{1 - \left(\dfrac{v}{V}\right)^2}}.$$

ここで，V は光の速度を表す．以下ではこの結果を利用する．

座標系 (x, y, z) で静止している物体があるとして，座標系 (x, y, z) で見たときの，その物体のエネルギーを E_0 としよう．また，その同じ物体のエネルギーを，上述のように速度 v で運動している座標系 (ξ, η, ζ) で測定したものを，H_0 としよう．

その物体が，x 軸と角度 φ をなす方向に，エネルギー $L/2$（座標系 (x, y, z) で測定した値）をもつ光の平面波を放出し，同時に，それと同量の光を逆の向きに放出したとしよう．その物体はこの間，座標系 (x, y, z) で静止している．この過程はエネルギー保存の原理を満たさなければならず，また，（相対性原理から）二つの座標系のどちらで見ても，まったく同じことが起こらなければならない．光を放出した後の物体のエネルギーを，座標系 (x, y, z) で測定すれば E_1 となり，座標系 (ξ, η, ζ) で測定すれば H_1 となるとしよう．このとき，上に示した関係を

使って，次の式が得られる．

$$E_0 = E_1 + \left[\frac{L}{2} + \frac{L}{2}\right],$$

$$H_0 = H_1 + \left[\frac{L}{2}\frac{1-\dfrac{v}{V}\cos\varphi}{\sqrt{1-\left(\dfrac{v}{V}\right)^2}} + \frac{L}{2}\frac{1+\dfrac{v}{V}\cos\varphi}{\sqrt{1-\left(\dfrac{v}{V}\right)^2}}\right]$$
$$= H_1 + \frac{L}{\sqrt{1-\left(\dfrac{v}{V}\right)^2}}.$$

二つの式を引き算すると，

$$(H_0 - E_0) - (H_1 - E_1) = L\left\{\frac{1}{\sqrt{1-\left(\dfrac{v}{V}\right)^2}} - 1\right\}$$

を得る．この表式には，$H-E$ の形をした差が二つ現れているが，どちらにも簡単な物理的意味がある．H と E は，同じ物体のエネルギーを，相対運動をしている二つの座標系で測定した値であり，物体はその一方に対して（座標系 (x,y,z) に対して）静止している．したがって当然ながら，差 $H-E$ は，付加的な定数 C を別にして，他方の座標系 (ξ, η, ζ) で見たときの，物体の運動エネルギー K である．C は，エネルギー H と E の付加定数の選び方に依存する．C は光が放出される過程で変化することはないから，次のように置いてよい．

$$H_0 - E_0 = K_0 + C,$$
$$H_1 - E_1 = K_1 + C.$$

こうして,

$$K_0 - K_1 = L\left\{\frac{1}{\sqrt{1-\left(\frac{v}{V}\right)^2}} - 1\right\}$$

を得る. (ξ, η, ζ) 系で測定した物体の運動エネルギーは,物体が光を放出したために減少し,その減少量は物体の性質によらない.さらに,差 $K_0 - K_1$ は電子の運動エネルギーと同じ形で物体の速度に依存する(前掲論文,第10節).

4次以上の量は無視すると

$$K_0 - K_1 = \frac{L}{V^2}\frac{v^2}{2}$$

を得る[1].

この方程式から,ただちに次の結論が得られる.

物体が,エネルギー L を放射の形で放出すると,その物体の質量は,L/V^2 だけ減少する.物体から失われたエネルギーが,放射エネルギーになるかどうかが本質的ではないのは明らかなので,より一般的な次の結論が得られる.

物体の質量は,その物体に含まれるエネルギー量である.エネルギーが L だけ変化すれば,その物体の質量は,エネルギーをエルグ,質量をグラムで測ったとして,$L/9 \times 10^{20}$ だけ変化する.

含有エネルギーが大きく変化する物質（たとえばラジウム塩）を用いれば，この理論を検証できることが示されるかもしれない．

もしもこの理論が事実と合えば，放射は，放出した物体から吸収する物体へと慣性を運ぶことになる．

ベルン，1905 年 9 月

編者注
[1] 物体の静止質量の変化を見積もるために，アインシュタインは物体の運動エネルギーについて，ニュートン力学の極限を用いた．

IV

量子仮説に関する初期の仕事

ベルンのアインシュタイン，1905年ごろ
（ニューハンプシャー大学，ロッテ・ヤコビ・アーカイブ）

アインシュタインは，1905年の論文群のなかで，論文5だけを革命的なものと特徴づけた（「はじめに」，109ページを参照）．マクスウェルの光の理論が無際限に成り立つことを疑い，光量子の実在性を提唱したことは，今日なお革命的であったと見なされている．論文5で示されたのは次のことである．すなわち，十分に高い振動数領域では，熱平衡にある放射（"黒体放射"）のエントロピーは，その放射が独立な"光のエネルギー量子"（あるいは簡単に"光量子"）からなる気体のように振る舞い，個々の光量子は，対応する光波の振動数に比例するエネルギーをもつということだ．アインシュタインは，光と物質との相互作用は，そのような光量子を放出したり吸収したりすることによって行なわれると仮定することにより，それまで謎だったいくつかの現象が説明できることを示した．

アインシュタインが黒体放射の問題を知ったのは，1905年よりもかなり前のことだった．彼は，1897年かそのすぐ後の時期にマッハの『熱学』を読んだが，その本には二章を割いて熱放射の問題が論じられていた．そしてその議論の締めくくりとして取り上げられていたのが，グスタフ・ロベルト・キルヒホフの仕事だった．キルヒホフは，与えられた温度の完全黒体（入射するすべての放射を吸収する物体）から放射されるエネルギーのスペクトルは，黒体の温度と放射の波長だけを変数とする普遍関数であることを示した．そしてキルヒホフは，ある温度に保たれた壁に囲まれた空洞内で，熱平衡になっている放射は，

同じ温度の黒体から放出される放射のように振る舞うだろうと述べた．

ハインリヒ・フリードリヒ・ヴェーバーは，チューリヒ工科大学でアインシュタインを教えた物理学教授であり，黒体放射の普遍関数を求めようとした物理学者のひとりだった．彼はエネルギー・スペクトルを測定して経験的な分布関数を提案し，そこから $\lambda_m = $ 定数$/T$（λ_m は強度分布が最高になる波長）という関係が導かれることを示した．つまりヴェーバーは，ヴィルヘルム・ヴィーンによる黒体放射の変位則の式を予測したのである．ヴェーバーは，アインシュタインが受講した1898年から1899年の冬学期にチューリヒ工科大学で行った講義で，自分のその仕事を取り上げた．

アインシュタインはその直後から，本格的に放射の問題を考えはじめ，1901年の春までには，黒体放射に関するプランクの仕事を詳しく検討している．当初プランクは，電磁放射を調べることで，物理過程の非可逆性を説明できるのではないかと考えていた——しかし最終的には，非可逆性を説明しようとすれば，統計的な要素を議論に持ち込まざるをえないと考えるようになった．1897年から1900年にかけて発表した一連の論文で，プランクはマクスウェルの電気力学を使って，同じ大きさの電荷をもつ調和振動子と空洞中で相互作用をする熱放射の理論を作った．しかしプランクに説明できたのは，〔物理過程全般ではなく〕放射は，非可逆的に平衡に近づくということだけだった．プ

プランクは,"自然な放射"（最大限に乱雑な放射）という概念を導入し,ボルツマンによる分子カオスの定義とのアナロジーでそれを定義した.そして彼はマクスウェルの理論を用いて,電荷をもつ振動数 ν の振動子が熱放射と平衡になっているとき,その振動子の平均エネルギー $\bar{E}$ と,同じ振動数をもつ放射の単位振動数幅あたりのエネルギー密度 ρ_ν とのあいだに,次の関係が成り立つことを示した.

$$\bar{E}_\nu = \frac{c^3}{8\pi\nu^2}\rho_\nu. \tag{1}$$

ここで,c は光の速度である.

プランクは,振動子のエントロピーについていくつか仮定をおくことにより,1個の振動子の平均エネルギーを計算し,そこから黒体放射スペクトルのエネルギー密度に関するヴィーンの法則を導いた.ヴィーンの法則は,当初は実験と良く合うとみられていた.ところが20世紀の初めまでには,λT の値が大きいところで,ヴィーンの法則からの系統的ズレを示す観測結果が新たに得られるようになった.

プランクは,スペクトルのすべての領域で観測結果とぴったり合う,新しいエネルギー密度の分布を示した[1].

$$\rho_\nu = \frac{8\pi h\nu^3}{c^3}\frac{1}{e^{h\nu/kT}-1}. \tag{2}$$

この式は,今日では"プランクの法則"とか"プランクの式"として知られているもので,$k=R/N$ はボルツマ

ン定数,R は気体定数,N はアヴォガドロ数（またはロシュミット数),h は新しい定数（のちにプランク定数と呼ばれることになる）である.プランクはこの式を導くために,のちにアインシュタインが"ボルツマンの原理"と呼んだ $S=k\ln W$ を用いて,振動子のエントロピーを計算した.ここで,S は系の巨視的状態のエントロピー,W は状態の確率である.プランクはボルツマンの方法にしたがい,系の巨視的状態の確率は,"配位 (complexions)"の数——すなわち,系がある巨視的状態にあるとき,その系がとりうる微視的状態の数——に比例すると考えた.そして彼は"配位"の数を求めるために,系の全エネルギーを,大きさの等しい有限個のエネルギー要素に分割し,それを個々の振動子に分配する仕方を数え上げた.エネルギー要素の大きさを $h\nu$ に等しいとおけば（ここで ν は振動子の振動数),1個の振動子のエントロピーを表す式が得られ,そこから式 (2) が導かれる.

アインシュタインは,1901年の時点では,プランクの方法は疑わしいという感想を漏らしており,1904年以前の自分の論文では,プランクの名前にも,黒体放射の問題にも触れていない.アインシュタインは,1902年から1904年にかけて統計物理学の基礎についての研究を行い,その過程で,プランクの式の導出方法を詳しく検討するために必要な道具を手に入れた."熱の一般分子論"と題されたアインシュタインの研究には,その後につづく量子仮説の研究で重要な役割を演じる要素が,少なくとも三つ含

まれている．1. カノニカル・アンサンブルを導入したこと，2. ボルツマンの原理に出てくるものと同様の，確率に対する解釈を採用したこと，そして3. 熱平衡状態でのエネルギーのゆらぎを研究したことである．次にそれぞれを少し詳しく見てみよう．

1. アインシュタインはカノニカル・アンサンブルを分析するために，まず，等分配則（「はじめに」，130ページ参照）は，熱平衡状態にある任意の系で成り立つことを証明した．論文5では，熱放射と平衡になっている荷電調和振動子のアンサンブルに等分配則を当てはめると，式(1) から，今ではレイリー–ジーンズの法則として知られている黒体放射の分布則

$$\rho_\nu = \frac{8\pi\nu^2}{c^3}kT \tag{3}$$

が導かれることを示した．この式は，古典物理学により厳密に基礎づけられているが，観測されたエネルギー分布とは，ν/T の値が小さい領域でしか合わない．それどころか，アインシュタインが指摘したように，この式によれば，全放射エネルギーは無限大になってしまう．

2. アインシュタインは1906年に，当時彼やその他の人びとの頭を離れなかった疑問を次のように表現した．「プランクはどうやって，この式［式 (3)］ではなく，こちらの式［式 (2)］を得たのだろうか？」この疑問に対するひとつの答えは，プランクが用いたボルツマンの原理のなかの，W（状態の確率）の定義にある．アインシュ

タインが繰り返し述べたように，その定義は，アインシュタイン自身が考えた時間平均としての確率の定義とは根本的に異なるものだった．先に述べたように，プランクは W を，その系の〔巨視的〕状態に対応する，"配位"の数に比例するものと解釈した．1909 年にアインシュタインが指摘したように，W のその定義が，「系がその状態にある時間の比率を，長時間にわたって平均したもの」という定義と同じになるのは，与えられた全エネルギーに対応する微視的配位が，すべて同じ確率で起こる場合だけである．ところが，放射と熱平衡にある振動子のアンサンブルでそれが成り立つと仮定すると，レイリー–ジーンズの法則が導かれてしまうのだ．つまり，プランクの法則が観測結果と合うということは，すべての微視的配位が同じ確率で起こっているはずはない，ということを意味するのである．アインシュタインは，振動子のカノニカル・アンサンブルに分配されるエネルギーが，何らかの理由により，$h\nu$ というエネルギー要素の整数倍にしかならないとすれば，起こりうるすべての配位の実現確率が同じにはならず，結果として，プランクの法則が導かれることを示した．

3. アインシュタインの統計物理学の仕事のなかで，量子仮説の仕事にとって重要になる三つ目の要素は，熱平衡にある系の状態変数に生じるゆらぎの 2 乗平均を計算する方法である．アインシュタインは，カノニカル・アンサンブルを使って力学的な系のエネルギーのゆらぎを計算し，大胆にもその結果を，カノニカルではない系——黒体

放射——に当てはめ，先に論じたヴィーンの変位則と同じ関係式を得た．同じ結果になったということは，統計的な概念が放射にも当てはまるということを意味する．アインシュタインはそこから，放射は有限な自由度の系として扱えるのではないかと考えたのだろう．彼は論文5の冒頭で，その可能性について述べている．

アインシュタインは，1905年から1906年にかけて行ったブラウン運動の仕事との関係で，ゆらぎを計算する方法をさらにいくつか開発し，後年，それらの方法を黒体放射を調べるために応用した．とくに，ボルツマンの原理を逆転させることで作った方法は，微視的なモデルのない系にも使うことができる．というのは，系のエントロピーが巨視的な状態変数で与えられていれば，ボルツマンの原理，$W = \exp(S/k)$ から，状態の確率を計算することができ，したがって任意の状態変数のゆらぎを計算できるからだ．1909年，アインシュタインはこの方法を用いて，与えられた空間領域に含まれる黒体放射のエネルギーのゆらぎを計算した．同じ論文のなかで，放射圧のゆらぎを計算するために用いられた確率論的方法は，ブラウン運動の仕事で開発したものである．放射場のなかを運動する小さな鏡は，放射圧のゆらぎのためにブラウン運動を行う（鏡には平均放射圧による抗力が働くが，それでも鏡は放射圧のゆらぎのためにブラウン運動を行う）．ゆらぎに関するその計算結果については，このすぐあとで論じよう．

相対性理論の仕事もまた，光の性質に関するアインシュ

タインの考えを発展させるのに役立った．相対性理論は，エーテルを捨て去り，放射エネルギーの流れにより慣性質量が移行することを明らかにした．それによりこの理論は，もはや光を仮想的な媒質（エーテル）の擾乱として扱う必要はないこと，そして光は，質量という属性を与えられるべき，独自の構造をもつことを示したのである．

　量子仮説に関するアインシュタインの論文のなかでも，論文5は，統計物理学に関する一連の論文で彼が開発した〔上述の3点を要とする〕本格的装備も，プランクの法則も用いることなく，光量子という考え方を打ち出しているという点で特異である．先に述べたように，アインシュタインは，古典力学とマクスウェルの電気力学の両方と矛盾しないのは，プランクの式とν/Tの小さな極限で一致するレイリー–ジーンズの法則だけであることを示した．ν/Tの大きな極限では，ヴィーンの分布則が実験と合うが，アインシュタインはその極限について，「われわれがこれまで用いてきた理論的原理は，ここではまったく成り立たない」と述べた．同じ年のその少しあとで，彼はそれが成り立たないのは，「われわれの使っている物理学的概念が，根本のところで不完全であるためであるように思われる」と説明した[2]．

　アインシュタインは論文5の冒頭で，物質について当時通用していたさまざまな理論と，マクスウェルの理論とのあいだには，「深刻な形式上の違いが存在する」ことを

指摘した.物質の理論では,全エネルギーは,有限の自由度についての和として表されるのに対し,マクスウェルの理論では,エネルギーは場を変数とする空間の連続関数であり,無限の自由度をもつからである.アインシュタインはその点を指摘したうえで,放射を十分に記述できないというマクスウェルの理論の欠陥は,放射のエネルギーが空間に不連続に分布するような理論によって修復できるかもしれないと述べた.そしてアインシュタインは,"光量子仮説"を次のように提示した.「点状光源から出た光線が伝わっていくとき,その光線のエネルギーは,どこまでも果てしなく増大する空間に連続的に広がるのではなく,空間の点に局在化した有限個のエネルギー量子から構成される.エネルギー量子は,それ以上小さく分かれることなく運動し,吸収されたり生成されたりするときにはかならず,欠けることのないひとまとまりのものとして振る舞う」

アインシュタインはヴィーンの法則を使って,与えられた振動数をもつ放射のエントロピーの体積依存性は,理想気体のエントロピーと同じ式で表されることを示し,次のように結論した.「密度の低い(ヴィーンの放射式が成り立つ範囲の)単色放射は,熱力学的には,大きさ $R\beta\nu/N$ の,互いに独立なエネルギー量子から成り立っているかのように振る舞う」

論文5は,理論上の貢献に加えて,観測されていたいくつかの現象に独創的な説明を与えた.この論文でアイン

シュタインは，光を"エネルギー量子"からなるものと仮定して，光と物質との相互作用について，次の三つの現象を調べた．第一に，蛍光に関するストークスの法則．第二に，紫外光による気体のイオン化．第三に，光電効果である．光電効果については，彼は，のちに"アインシュタインの光電方程式"として知られることになる次の式を提案した．
$$E_{\max} = (R/N)\beta\nu - P. \tag{4}$$
ここで，$E_{\max}$ は光電子の運動エネルギーの最大値，$R\beta/N$ はプランクの h と同じ．ν は入射する放射の振動数，P は電子を放出する金属の仕事関数である．後年，この論文の最大の功績は，この式を導いたことだとみなされるようになった——1922年のノーベル賞の授賞理由にもそう述べられている．しかし，論文発表からおよそ20年にわたり，多くの物理学者は，この論文の議論では光量子仮説の正しさに納得しなかった．アインシュタインが論文で述べたように，フィリップ・レナルトの実験的研究は，$E_{\max}$ が振動数とともに大きくなることへの定性的証拠となったにすぎなかった．電子のエネルギーと放射の振動数とのあいだに成り立つこの関係の定量性は，ほぼ10年のあいだ疑わしいままにとどまった．1914年ごろまでには，式（4）を支持するとみられる証拠がかなり集まるようになり，1916年のロバート・ミリカンによる研究は，ほぼすべての物理学者にとって，この問題に決着をつけるものだった．しかしアインシュタインの光電方程式の正しさが

立証されてもなお，光量子の概念が広く受け入れられたわけではなかった．光電効果に関しては，それ以外のさまざまな解釈が，長年にわたり広範に支持されていたのである．

量子仮説の経験的証拠として，最初に広く受け入れられたのは，放射現象ではなく，固体の比熱のデータだった．1907 年，アインシュタインは，格子点にある原子が平衡の位置に束縛されて調和振動を行うという固体モデルに，量子仮説を応用した[3]．その振動子を古典的に扱うと，等分配則からデュロン - プチの法則が導かれ，すべての温度で固体の比熱は一定であることが予想される．アインシュタインは，個々の原子を，量子化された 3 次元調和振動子として扱うことにより，温度が低くなるにつれて比熱が小さくなる固体が存在するという，良く知られた異常現象を説明した．また彼は，固体の比熱と赤外線の選択的吸収との関係を導いた．

アインシュタインはかなり早くから，そのような関係が存在すると考えていた．おそらくはプランクの仕事に触発されて，アインシュタインは 1901 年に，固体および液体の内部運動エネルギーは，「電気的な共鳴のエネルギー」として扱えそうだと考えるようになった．もしそれができれば，「比熱と，物体の吸収スペクトルとのあいだに関係があるはず」だ[4]．彼はデュロン - プチの法則から，そのようなモデルを導き出そうとした．

1907 年にアインシュタインは，エネルギー量子の考え

方を導入すれば，放射理論の場合に等分配則が成り立たないことを示せたように，固体の比熱でもやはり等分配則が成り立たないことを示せるのではないかと考えた．彼は，量子化された振動子の平均エネルギーから，単原子分子で構成される固体の比熱の式を，$\beta T/\nu$ という変数の関数として導いた．その式の値は，温度が低くなるにつれてゼロに近づき，高温ではデュロン－プチの値に近づく．これがごくシンプルなモデルであることを考慮すれば，ダイヤモンドに関するヴェーバーのデータとの一致はかなりよい．

また，光の吸収に関して，ドルーデの光学的な分散理論から得られる結果とも関係をつけることができた．ドルーデは，固体の光学的な固有振動数は，赤外領域では格子点に存在するイオンの振動によって決まり，紫外領域では電子によって決まることを示した．アインシュタインの比熱の式は，室温で十分に赤外領域に含まれる振動数では，ほとんどすべての固体で事実上ゼロになる．それより低い振動数では比熱が大きくなり，デュロン－プチの値に近づく．アインシュタインは，固体の比熱には，格子点にあるイオンと原子だけしか寄与しないと結論した．それに加えて，もしも固体が赤外吸収共鳴を示すなら，その固体の比熱の温度依存性は，共鳴の振動数から求めることができることも結論された．

1910年，ネルンストと，その助手であったフレデリック・A. リンデマンは，アインシュタインの予測と，多くの固体でみられる比熱の温度変化に関する観察が，全般的

に良く一致するという結果を得た.1911年,エルンストは放射の分野以外で量子仮説の正しさを示す最初の結果を報告し,次のように結論した.「全般として観察された結果は,プランクとアインシュタインの量子論をはっきりと確証している」[5]

注

[1] Planck, *Annalen der Physik* 1 (1900): 719-737.
[2] Einstein, "Zur Theorie der Brownschen Bewegung," *Collected Papers*, vol.2, doc.32, pp.334-345.
[3] "Planck's Theory of Radiation and the Theory of Specific Heats," *Annalen der Physik* 22 (1907): 180-190, reprinted in *Collected Papers*, vol.2, doc.38, pp.379-389.
[4] アルベルト・アインシュタインからミレヴァ・マリチへの 1901年3月23日付手紙, *Collected Papers*, vol.1, doc.93.
[5] "Untersuchungen über die spezifische Wärme bei tiefen Temperaturen. III," *Königlich Preussische Akademie der Wissenschaften* (Berlin), *Sitzungsberichte* (1911), p.310.

論文 5

光の生成と変換に関する，ひとつの発見法的観点について

気体をはじめ重さのある物体について，物理学者たちがこれまでに形成した理論的概念と，いわゆる"真空"中での電磁気的過程を扱うマクスウェルの理論とのあいだには，深刻な形式上の違いが存在する．物体の状態は，非常に多いとはいえ有限な個数の原子や電子の位置と速度によって完全に特定されると考えられているのに対し，ある空間の電磁気的状態を特定するためには，空間についての連続な関数が用いられることから，空間の電磁気的状態を完全に特定しようとすれば，有限個の量では足りないと考えなければならないからである．マクスウェルの理論では，純粋に電磁気的なすべての現象について——それゆえ光の現象についても——エネルギーは空間の連続関数とみなされるのに対し，今日の物理学者の考え方によれば，重さのある物体のエネルギーは，原子や電子についての和として表されなければならない．重さのある物体のエネルギーは，好きなだけ多くの小さな部分に分割することはできないのに対し，マクスウェルの理論によれば（より一般には，波動論ならどんなものでも），点状光源から放出された光線のエネルギーは，どこまでも果てしなく増大する体

積のなかに連続的に広がっていく．

光の波動論は，空間の連続関数を用いる理論で，純粋に光学的な現象をみごとに記述することが明らかになっており，今後とも他の理論に取って代わられることはないだろう．しかし，ここで念頭に置かなければならないのは，光にかかわる現象についての観察結果は，ある瞬間における値ではなく，時間平均した値を表しているということである．また，回折，反射，屈折，分散，等々についての理論は，実験によって申し分なく立証されているとはいえ，空間の連続関数を用いる光の理論を，光の生成や変換をともなう現象に応用すれば，矛盾が生じることも十分に考えられる．

じっさい，"黒体放射"，光ルミネセンス，紫外線による陰極線の生成など，光の生成と変換にかかわる現象の観測結果は，光のエネルギーは空間に不連続に散らばっていると考えたほうが理解しやすいようにわたしには思われるのである．ここで考察する仮説によれば，点状光源から出た光線が伝わっていくとき，その光線のエネルギーは，どこまでも果てしなく増大する空間に連続的に広がるのではなく，空間の点に局在化した有限個のエネルギー量子から構成される．エネルギー量子は，それ以上小さく分かれることなく運動し，吸収されたり生成されたりするときにはかならず，欠けることのないひとまとまりのものとして振る舞う．

この論文では，以下に示すアプローチを探究に役立てて

くれる研究者がいることを期待して，わたしをこの道に導いた推論と事実とを提示するものである．

1. "黒体放射" 理論の困難について

まず，マクスウェル理論と電子論の観点から，次のような場合を考えよう．全反射する壁に取り囲まれた空間のなかに，自由に運動する気体分子と電子が多数含まれており，それらは接近すると互いに保存力を及ぼし合う——つまり，それらが衝突するときには，気体分子運動論にしたがう分子のように振る舞う[1]．さらに，多数の電子が，互いに遠く隔たった空間内の点に束縛されているものと仮定しよう——その束縛力は，電子から点へと向かい，力の大きさはその距離に比例するものとする．束縛された電子は，上述の自由な分子や電子が接近すると，保存力によりそれらと相互作用を行う．そのような束縛電子を，"共鳴子" と呼ぼう．共鳴子は，決まった周波数の電磁波を放出したり吸収したりする．

光の発生に関するこの観点によれば，考察下の体積中に含まれる放射は，マクスウェル理論にもとづく力学的平衡の場合と同じく，"黒体放射" と同一でなければならな

---

(1) この仮定をおくことは，熱平衡状態では，気体分子の平均運動エネルギーと電子の平均運動エネルギーとは等しいと仮定することに等しい．よく知られているように，ドルーデ氏は後者の仮定を用いて金属の熱伝導と電子の熱伝導との比率の理論式を導いた．

い——少なくとも，考慮すべき振動数がすべて存在すると仮定するなら，そうでなければならない．

当面，共鳴子が放出したり吸収したりする放射は考慮せずに，分子と電子との相互作用（衝突）による力学的平衡の条件を調べよう．気体分子運動論によれば，そのような平衡が成り立つためには，共鳴子である1個の電子の平均運動エネルギーが，気体分子1個の並進運動の平均運動エネルギーと等しくなければならない．共鳴子である電子の運動を，互いに直交する三つの向きの振動運動に分解すると，そのうちのひとつの線形振動運動の平均エネルギー $\bar{E}$ は，

$$\bar{E} = \frac{R}{N}T$$

である．ここで，R は気体定数，N は1グラム当量中の"真の分子"[1] の個数，T は絶対温度を表す．共鳴子の運動エネルギーとポテンシャル・エネルギーの時間平均は等しいので，エネルギー $\bar{E}$ は，自由な単原子気体分子の運動エネルギーの 2/3 倍になる．なんらかの理由により——今の場合には放射のプロセスにより——共鳴子のエネルギーの時間平均が $\bar{E}$ より大きければ，共鳴子は自由な原子や分子との衝突を介して，平均として気体からエネルギーを奪い，共鳴子のエネルギーの時間平均が $\bar{E}$ より小さければ，共鳴子は平均として気体にエネルギーを与えることになる．したがって，考察下の場合に力学的平衡が成り立つのは，個々の共鳴子の平均エネルギーが $\bar{E}$ に等し

い場合だけである．

これと同様の議論を，共鳴子と，空間に存在する放射との相互作用に当てはめよう．プランク氏[2]はその場合の力学的平衡の条件を，放射は考えられるかぎりもっとも無秩序な過程として扱うことができる，という仮定のもとに導いた[3]．彼の得た結果は

$$\bar{E}_\nu = \frac{L^3}{8\pi\nu^2}\rho_\nu$$

であった．ここで $\bar{E}_\nu$ は，固有振動数 ν の共鳴子の平均エ

---

(2) M. Planck, *Ann. der Phys.* 1 (1900): 99.
(3) この仮定は次のように定式化できる．考察下の空間内の任意の1点で，$t=0$ と $t=T$ までの時間間隔で（ただし T は，考慮すべきすべての振動周期にくらべて非常に大きいものとする）電気力の Z 成分（Z）をフーリエ級数に展開する．

$$Z = \sum_{\nu=1}^{\nu=\infty} A_\nu \sin\left(2\pi\nu\frac{t}{T}+\alpha_\nu\right).$$

ここで $A_\nu \geq 0$ および $0 \leq \alpha_\nu \leq 2\pi$ である．空間内の同じ点で，開始時刻をランダムに選びながらこのような展開を任意に多数回行うことを考えると，A_ν と α_ν の値の組として異なるものが得られるだろう．A_ν と α_ν の値の組それぞれの出現頻度には，次の形の（統計的）確率 dW が存在するだろう．
  $dW = f(A_1 A_2 \cdots \alpha_1 \alpha_2 \cdots) dA_1 dA_2 \cdots d\alpha_1 d\alpha_2 \cdots$.
したがって，考えられるかぎりもっとも放射が無秩序なのは，
  $f(A_1 A_2 \cdots \alpha_1 \alpha_2 \cdots) = F_1(A_1)F_2(A_2)\cdots f_1(\alpha_1)f_2\alpha_2 \cdots$
のとき，すなわち量 A または $x^{[2]}$ のどれかひとつが特定の値をとる確率が，それ以外の A と α がとる値によらない場合である．したがって，量 A_ν と α_ν の組が，特定のグループの共鳴子の放出と吸収のプロセスに依存するという条件が満たされれば満たされるほど，考察下の放射を，「考えられるかぎりもっとも無秩序な」状態だとみなす近似は良くなる．

ネルギー（振動数の単位区間あたりのエネルギー），L は光の速度，ν は振動数，$\rho_\nu d\nu$ は，振動数が ν と $\nu+d\nu$ のあいだの値をもつ放射の，単位体積あたりのエネルギーである．

もしも振動数 ν の放射のエネルギーが，全体として，連続的に減少も増加もしないとすれば，次の関係式が成り立たなければならない．

$$\frac{R}{N}T = \bar{E} = \bar{E}_\nu = \frac{L^3}{8\pi\nu^2}\rho_\nu,$$

$$\rho_\nu = \frac{R}{N}\frac{8\pi\nu^2}{L^3}T. \text{[3]}$$

これらの関係式は，力学的平衡の条件として得られたものだが，単に実験と合わないというだけでなく，われわれのモデルでは，エーテルと物質にエネルギーが等分配される可能性はないということを意味している．実際，共鳴子の振動数の幅を広くとればとるほど，考察している空間体積内の全放射エネルギーは大きくなり，極限では，

$$\int_0^\infty \rho_\nu d\nu = \frac{R}{N}\frac{8\pi}{L^3}T\int_0^\infty \nu^2 d\nu = \infty$$

となる．

2. プランクが求めた諸素量について[4]

次に，プランク氏が求めた諸素量は，彼の"黒体放射"の理論には，それほど依存していないということを示したい．

ρ_ν についてのプランクの式[4]は,これまでに行われたすべての実験と合っており,次のように表される.

$$\rho_\nu = \frac{\alpha \nu^3}{e^{\beta\nu/T} - 1}$$

ここで

$$\alpha = 6.10 \times 10^{-56}$$
$$\beta = 4.866 \times 10^{-11}$$

である.T/ν の値が大きいとき,すなわち,波長が長く,放射密度が大きいときには,この式は次の極限形をとる.

$$\rho_\nu = \frac{\alpha}{\beta} \nu^2 T.$$

この式は,第1節で,マクスウェルの理論と電子論から導かれた式と同じであることが見て取れる.そこで両式の係数を等しいとおくと,

$$\frac{R}{N} \frac{8\pi}{L^3} = \frac{\alpha}{\beta},$$

すなわち

$$N = \frac{\beta}{\alpha} \frac{8\pi R}{L^3} = 6.17 \times 10^{23}$$

が得られる.つまり,1個の水素原子の重さは,$1/N$ g $= 1.62 \times 10^{-24}$ g である.これはまさしくプランク氏によって得られた値であり,他のいくつかの方法で得られた値とも満足のいく一致を示している.

---

(4) M. Planck, *Ann. d. Phys.* 4 (1901): 561.

したがってわれわれは次の結論に達する. 放射のエネルギー密度と波長の値が大きければ大きいほど, これまで用いられていた理論的基礎でうまくいく. しかし, 波長が短く, 放射密度が小さいときには, それらの理論的基礎ではまったくうまくいかなくなる.

以下では, 放射の放出と伝播についていかなるモデルも立てず, 実験的事実とともに"黒体放射"について考察しよう.

3. 放射のエントロピーについて

以下の取り扱いは, ヴィーン氏の有名な研究に含まれていることなので, ここでは単に議論を完備したものにするために示す.

放射が, 空間の体積 v を占めているとしよう. 放射密度 $\rho(\nu)$ がすべての振動数について与えられていれば, この放射の観測可能な性質は完全に特定できるものと仮定する[5]. 振動数の異なる放射は, 互いに仕事をしたり熱を加えたりすることなく分離できると考えてよいので, 放射のエントロピーは次のように表すことができる.

$$S = v \int_0^\infty \varphi(\rho, \nu) d\nu.$$

ここで φ は変数 ρ と ν の関数である. 反射壁のあいだで

---

(5) この仮定は恣意的なものだが, もっともシンプルな仮定なので, 実験結果に照らしてどうしても捨てざるをえなくなるまでは, これを保持するのが自然だろう.

放射を断熱的に圧縮してもエントロピーは変わらないと仮定すれば，φ を 1 変数関数にすることができる．しかしここではその路線は追究せず，関数 φ を黒体放射の法則から得る方法をただちに調べよう．

"黒体放射" の場合には，ρ は，ある与えられたエネルギーでエントロピーが極大値をとるような ν の関数である．すなわち

$$\delta \int_0^\infty \rho d\nu = 0$$

という条件のもとで，

$$\delta \int_0^\infty \varphi(\rho, \nu) d\nu = 0$$

である．このことから，$\delta\rho$ を ν の関数としてどのように選んだとしても，

$$\int_0^\infty \left(\frac{\partial \varphi}{\partial \rho} - \lambda\right) \delta\rho d\nu = 0$$

となる．ここで λ は ν に依存しない．したがって黒体放射の場合には，$\partial\varphi/\partial\rho$ は ν に依存しない．

体積 $v=1$ の黒体放射の温度が dT だけ上がるとき，次の式が成り立つ．

$$dS = \int_{\nu=0}^{\nu=\infty} \frac{\partial \varphi}{\partial \rho} d\rho d\nu.$$

$\partial\varphi/\partial\rho$ は ν に依存しないから，この式は，

$$dS = \frac{\partial \varphi}{\partial \rho} dE$$

となる．dE は加えられた熱に等しく，その過程は可逆的だから，次の式も成り立つ．

$$dS = \frac{1}{T}dE.$$

両式を比較すると，

$$\frac{\partial \varphi}{\partial \rho} = \frac{1}{T}$$

を得る．

これが黒体放射の法則である．このように，関数 φ から黒体放射の法則を導くことができ，逆に，黒体放射の法則から，$\rho = 0$ で φ が 0 になることを考慮しながら積分を行うと，関数 φ を求めることができる．

4. 放射密度が低いときの，単色放射のエントロピーの極限法則

"黒体放射"に関してこれまでに行われた観察の結果から，ヴィーン氏によりはじめて仮定された黒体放射の法則

$$\rho = \alpha \nu^3 e^{-\beta \nu / T}$$

は，厳密には成り立たないことが示されている．しかしこの法則は，ν/T が大きい領域ではたいへん良く成り立つことが実験で立証されている．われわれはこの式から出発して計算を行うが，その計算結果は，ある範囲のなかでしか成り立たないことを覚えておこう．

この式から，まず次の式が得られる．

$$\frac{1}{T} = -\frac{1}{\beta\nu} \ln \frac{\rho}{\alpha\nu^3}.$$

次に，前の節で得られた関係を用いると，

$$\varphi(\rho,\nu) = -\frac{\rho}{\beta\nu}\left\{\ln\frac{\rho}{\alpha\nu^3} - 1\right\}$$

となる．さて，振動数が ν と $\nu+d\nu$ のあいだにあり，エネルギーが E であるような放射が，体積 v を占めているとしよう．この放射のエントロピーは

$$S = v\varphi(\rho,\nu)d\nu = -\frac{E}{\beta\nu}\left\{\ln\frac{E}{v\alpha\nu^3 d\nu} - 1\right\}[5]$$

である．エントロピーの，放射の占める体積への依存性を調べることだけに的を絞り，放射の体積が v_0 のときのエントロピーを S_0 とすると，

$$S - S_0 = \frac{E}{\beta\nu}\ln\left[\frac{v}{v_0}\right]$$

を得る．

この式からわかるように，十分に密度の低い単色放射のエントロピーの体積依存性は，理想気体や希薄溶液のエントロピーと同じ法則にしたがう．以下ではこの式を，ボルツマン氏により物理学に導入された原理——すなわち，系のエントロピーは，その系の状態確率の関数であるという原理——にもとづいて解釈してみよう．

5. 気体のエントロピーと希薄溶液のエントロピーの，体積依存性に関する分子論的考察

　分子論の方法でエントロピーを計算する際には，"確率"という言葉が，確率論の定義とは異なる意味で用いられることが多い．とくに，用いる理論的モデルが，単に条件を定めるだけでなく，なんらかの結果を引き出せるくらい確かである場合には，仮想的な"等確率の事象"がしばしば仮定される．わたしは別の論文のなかで，熱のプロセスを取り扱うときには，いわゆる"統計的確率"を用いれば十分であることを示すつもりであり，それによりボルツマンの原理の適用を妨げる論理的困難を取り除くことができるだろうと期待している．しかしここでは，ボルツマンの原理の一般的定式化と，きわめて特殊ないくつかの場合への応用だけを示そう．

　系の状態確率というものを論ずることに意味があるなら，そして，エントロピーの増加がすべて，系がより確率の大きな状態に移行することだと考えてよいとすれば，系のエントロピー S_1 は，その系の瞬間的な状態確率 W_1 の関数である．したがって，相互作用をしない二つの系 S_1 と S_2 があるとき，

$$S_1 = \varphi_1(W_1),$$
$$S_2 = \varphi_2(W_2)$$

とおくことができる．これら二つの系を，エントロピー S と確率 W をもつひとつの系と見なせば，

$$S = S_1 + S_2 = \varphi(W),$$
$$W = W_1 \cdot W_2$$

である．最後の式は，二つの系の状態が互いに独立な事象であることを示している．

これらの方程式から
$$\varphi(W_1 \cdot W_2) = \varphi_1(W_1) + \varphi_2(W_2)$$
が得られ，結局，
$$\varphi_1(W_1) = C \ln(W_1) + 定数,$$
$$\varphi_2(W_2) = C \ln(W_2) + 定数,$$
$$\varphi(W) = C \ln(W) + 定数$$
となる．したがって量 C は普遍定数であり，気体分子運動論から，R/N という値をもつことがわかる．ここで，定数 R と N は，前と同じ意味である．S_0 を初期状態のエントロピー，W をエントロピーが S であるような状態の相対確率とすれば，一般に，
$$S - S_0 = \frac{R}{N} \ln W$$
を得る．

ここで次のような特殊ケースを扱おう．空間の体積 v_0 のなかに，運動する点（たとえば分子）が多数（n 個）含まれ，それらに今の議論が当てはまるとしよう．その体積中には，それらとは別種の運動する点が，任意の数だけ含まれていてもよい．空間内で点の運動を支配する法則については，いかなる仮定もおかない．ただし点の運動は，空間内のどこでも（また，空間のどの向きにも）同じである

とする．さらに，ここで論じる（上で述べた）運動する点の数は十分に少なく，点同士の相互作用は無視できるものとする．

この系は，たとえば理想気体や希薄溶液であっても良く，あるエントロピー S_0 をもつ．さて，運動する n 個の点すべてが，体積 v_0 のなかの大きさ v の部分に集合しているものと想像しよう．そのことを別にすれば，系には何の変化もないものとする．この状態のエントロピーが，S_0 とは異なる値 (S) になることは明らかである．そこで，ボルツマンの原理を使って，その二つのエントロピーの差を求めたい．

問題は次のことである．今述べた状態の確率は，最初の状態の確率とくらべてどれぐらいの大きさになるだろうか？ あるいはこうも言えよう．ランダムに選ばれた時刻に，与えられた体積 v_0 のなかで独立に運動する n 個の点すべてが，（たまたま）体積 v のなかに見出される確率はどれくらいだろうか？

この確率は"統計的確率"であり，明らかに次の値をもつ．

$$W = \left(\frac{v}{v_0}\right)^n.$$

これにボルツマンの原理を当てはめると，

$$S - S_0 = R\left(\frac{n}{N}\right)\ln\left(\frac{v}{v_0}\right)$$

が得られる．

この式から，ボイル - ゲイ=リュサックの法則，および
それと類似の溶透圧に関する法則が，熱力学的に容易に導
かれる[6]．注目すべきは，この式を導くにあたって，分
子の運動を支配する法則については何の仮定もおく必要は
ないということである．

6. 単色放射のエントロピーの体積依存性を表す式についての，ボルツマン原理にもとづく解釈

第4節では，単色放射のエントロピーの体積依存性に
ついて次の式を得た．

$$S - S_0 = \frac{E}{\beta\nu} \ln\left(\frac{v}{v_0}\right).$$

この式を

$$S - S_0 = \frac{R}{N} \ln\left[\left(\frac{v}{v_0}\right)^{\frac{N}{R}\frac{E}{\beta\nu}}\right]$$

の形に書き，ボルツマンの原理を表す一般的な式，

$$S - S_0 = \frac{R}{N} \ln W$$

と比較すると，次の結論に達する．振動数 ν，エネルギー

---

(6) 系のエネルギーを E とすると，
$$-d(E - TS) = pdv = Tds = R\frac{n}{N}\frac{dv}{v}$$ [6]
を得る．したがって，
$$pv = R\frac{n}{N}T$$
である．

E の単色放射が，体積 v_0 の中に（反射壁によって）閉じ込められているとき，任意に選んだ時刻に，全放射エネルギーが体積 v_0 の部分体積 v 中に見出される確率は，次の式で与えられる．

$$W = \left(\frac{v}{v_0}\right)^{\frac{N}{R}\frac{E}{\beta\nu}}.$$

これからさらに次の結論が得られる．密度の低い（ヴィーンの放射式が成り立つ範囲の）単色放射は，熱力学的には，大きさ $R\beta\nu/N$，互いに独立なエネルギー量子から成り立っているかのように振る舞う．[7]

また，同じ温度での，黒体放射のエネルギー量子の平均値と，1個の分子の重心運動の運動エネルギーの平均値をくらべておこう．後者は $\frac{3}{2}(R/N)T$ であるのに対し，ヴィーンの公式にもとづいて得られたエネルギー量子の平均値は，

$$\frac{\int_0^\infty \alpha\nu^3 e^{-\beta\nu/T}d\nu}{\int_0^\infty \frac{N}{R\beta\nu}\alpha\nu^3 e^{-\beta\nu/T}d\nu} = 3\frac{R}{N}T$$

である．

もしも単色放射（密度は十分に小さいものとする）が，エントロピーの体積依存性に関して，$R\beta\nu/N$ の大きさのエネルギー量子からなる不連続な媒質のように振る舞うのであれば，光の発生と変換についての法則もまた，光がエネルギー量子でできているかのような作りになっているか

どうかを調べてみるべきだろう．以下の三つの節では，この問題について考えよう．

7. ストークスの法則について

単色光が光ルミネセンスによって別の振動数の光に変換されるとしよう．今得られた結果から，入射光と放出光はともに，大きさ $(R/N)\beta\nu$ のエネルギー量子からなるものと仮定する．ここで ν は当該の振動数である．すると光の変換のプロセスは，次のように解釈することができる．振動数 ν_1 の入射エネルギー量子が吸収され，（少なくとも，入射するエネルギー量子の分布密度が十分に小さいときには）個々のエネルギー量子が振動数 ν_2 の光量子を生成する．入射する光量子が吸収されて，振動数 $\nu_3, \nu_4, \cdots$ といった光量子が（振動数 ν_2 と同時に）生じたり，別種のエネルギー（たとえば熱）が生じたりすることがあってもよい．どんな中間過程を経たとしても，〔振動数 ν_2 の光量子が生じるという〕最終的な結果になるという点では何の違いもない．光ルミネセンスを示す物質が，恒常的なエネルギー源ではないとすると，エネルギー保存則から，放出されたエネルギー量子のエネルギーは，それを生み出した光量子のエネルギーよりも大きくはなりえない．したがって，

$$\frac{R}{N}\beta\nu_2 \leqq \frac{R}{N}\beta\nu_1$$

すなわち，

$$\nu_2 \leqq \nu_1$$
である.これは有名なストークスの法則である.

ここで強調しておくべきは,われわれの考え方によれば,照度が小さいときには,放出される光の量は,入射光の強度に比例するはずだということだ.なぜなら,個々の入射エネルギーは,他の入射エネルギー量子とは関係なく前述の素過程を引き起こすからである.とくに,入射光の強度には,下限——それより小さいと,蛍光効果を引き起こすことができなくなるという値——は存在しないだろう.

光電現象についてここに示した考え方によれば,次のような場合には,ストークスの法則からのずれが生じると考えられる.

1. 同時に変換される,単位体積あたりのエネルギー量子が非常に多いため,放出される光のエネルギー量子が,いくつもの入射エネルギー量子からエネルギーを受け取ることが可能であるような場合.
2. 入射光(または放出光)のエネルギー分布が,ヴィーンの法則が成り立つ範囲内では,"黒体放射"と同じではない場合.たとえば,入射光を生み出した物体が,ヴィーンの法則が当該の波長でもはや成り立たないほど高温である場合など.

2番目の可能性は,とくに注目に値する.というのは,

これまでに論述してきた解釈によれば，"非ヴィーン放射"は，放射密度が非常に低い場合にも，放射のエネルギーということでは，ヴィーンの法則が成り立つ範囲の"黒体放射"とは異なる振る舞いをするということも，ありえないわけではないからである．

8. 固体への光照射による陰極線の発生について

光のエネルギーは，光が伝わる空間全体に連続的に広がっているというのが普通の考え方である．しかしこの考え方は，光電現象を説明しようとすると，重大な困難に直面する．それについては，レナルト氏の先駆的な仕事に詳しく論じられている[7]．

入射光は $(R/N)\beta\nu$ のエネルギーをもつエネルギー量子からなるという観点に立つなら，光による陰極線の生成は，次のように考えることができる．エネルギー量子が固体の表面層に侵入し，そのエネルギーの少なくとも一部が，電子の運動エネルギーに変換される．もっとも簡単なのは，1個のエネルギー量子が，その全エネルギーを，1個の電子に与える場合である．ここでは，実際にそのプロセスが起こるものと仮定しよう．とはいえ，電子が光量子のエネルギーの一部だけを受け取るという可能性も排除しないでおこう．固体の深部で運動エネルギーを受け取った電子は，固体の表面にたどり着くまでに，運動エネルギ

---

(7) P. Lenard, *Ann. d. Phys.* 8 (1902): 169, 170.

ーの一部を失うだろう.また,電子が固体から飛び出すときには,ある大きさ P の(その固体の特性に応じた)仕事をしなければならないと仮定しよう.固体から飛び出すときに,垂直方向の速度が最大になるのは,固体の表面でエネルギーを受け取り,表面から垂直に打ち出された電子だろう.そのような電子の運動エネルギーは

$$\frac{R}{N}\beta\nu - P$$

である.

その固体は電荷を与えられて正のポテンシャル Π をもち,周囲をポテンシャル 0 の導体で取り囲まれているとしよう.また,Π は,固体から電荷が失われるのをちょうど阻止できるだけの大きさだとすると,

$$\Pi\epsilon = \frac{R}{N}\beta\nu - P$$

が成り立つ.ここで,ϵ は電子の電気量である.この式は次のように書き換えられる.

$$\Pi E = R\beta\nu - P'.$$

ここで,E は 1 価イオンの 1 グラム分子あたりの電荷,P' はこの負電荷によるポテンシャルを,固体を基準として測ったものである[8].

---

[8] 光によって電子が中性分子から引き離される場合,ある程度の仕事が必要だと仮定したとしても,ここで導かれた関係式を修正する必要はない.その場合には,P' は二つの項の和になっていると考えるだけでよい.

$E = 9.6 \times 10^3$ とおけば，その固体が真空中で光を照射されたときに獲得するポテンシャルは，$\Pi \cdot 10^{-8}$ ボルトである.

導かれた関係が，実験結果と桁が合うかどうかを見るために，$P' = 0, \nu = 1.03 \times 10^{15}$ (太陽スペクトルにおける紫外端の振動数に相当する)，$\beta = 4.866 \times 10^{-11}$ とおくと，$\Pi \cdot 10^7 = 4.3$ ボルトを得る．この結果は，レナルト氏によって得られた結果と桁は合っている[9].

導かれた式が正しければ，Π を入射光の振動数の関数として直交座標系にプロットすると，傾きが考察下の物質の性質によらない直線になるはずである．

わたしに理解できるかぎりにおいて，光電効果についてのこの考え方は，レナルト氏によって観測されたこの現象の特性と矛盾しない．もしも入射光のエネルギー量子がおのおののエネルギーを，他のすべてのエネルギー量子とは関係なく電子に与えるとすると，電子の速度分布——それは生成された陰極線の性質にほかならない——は，入射光の強度にはよらないはずである．一方，固体から飛び出してくる電子の個数は，入射光の強度以外の条件がすべて同じだとすれば，入射光の強度に比例するはずである[10].

上述の二つの法則が成り立ちそうな範囲では，先にストークスの法則からのズレについて述べたことと同様のこと

---

(9) P. Lenard, *Ann. d. Phys.* 8 (1902): 165, 184, Taf. I, Fig. 2.
(10) P. Lenard, *loc. cit.*, pp. 150, 160-168.

が言える.

前に,入射光のエネルギー量子のうち少なくとも一部は,おのおののエネルギーを丸ごと1個の電子に与えるものと仮定した.これは現実的な仮定だが,もしもこの仮定をおかないとすると,さきほど得た式の代りに,次の式を得る.

$$\Pi E + P' \leq R\beta\nu.$$

上で論じた過程の逆の過程である陰極線ルミネセンスについては,同様の考察から,

$$\Pi E + P' \geq R\beta\nu$$

が得られる.レナルト氏が調べた物質では,可視光線を発生させるために陰極線が乗り越えなければならない電位差は,数百ボルトにも数千ボルトにもなるため,PE[8]はつねに$R\beta\nu$よりもかなり大きい[11].したがって,1個の電子の運動エネルギーで,光のエネルギー量子を多数生成すると考えなければならない.

9. 紫外光による気体のイオン化について

紫外光による気体のイオン化では,光のエネルギー量子ひとつで気体分子ひとつをイオン化すると仮定しなければならない.このことから,分子のイオン化エネルギー(分子をイオン化させるために理論上必要とされる仕事)は,吸収された光量子のエネルギー(この効果を起こせるだけ

---

(11) P. Lenard, *Ann. d. Phys.* 12 (1903): 469.

の大きさのもの) よりも大きくはなりえない. 1グラム分子あたりの (理論上の) イオン化エネルギーを J とすると,
$$R\beta\nu \geqq J$$
が得られる.

レナルトの測定によれば, 気体が空気である場合の最大の有効波長は, およそ 1.9×10^{-5} cm なので,
$$R\beta\nu = 6.4 \times 10^{12} \text{ エルグ} \geqq J$$
となる. イオン化エネルギーの上限は, 希薄化された気体のイオン化ポテンシャルから得ることもできる. J. シュタルクによれば[12], 気体が空気である場合に測定されたイオン化ポテンシャルの最小値は, (白金陽極の場合) 約 10 ボルトである[13]. これから J の上限 9.6×10^{12} が得られるが, この値は先に得たものとほぼ同じである. もうひとつ, 実験的検証がきわめて重要だと思われる結論がある. 吸収された光のエネルギー量子のおのおのが, 分子ひとつをイオン化するとき, 吸収された光の量 L と, イオン化された気体分子の数 j とのあいだには, 次の式が成り立たなければならない.
$$j = \frac{L}{R\beta\nu}.$$

---

(12) J. Stark, *Die Elektrizität in Gasen*, p.57 (Leipzig, 1902).
(13) しかしながら, 気体の深部では, 負イオンに対するイオン化ポテンシャルはこれより 5 倍大きい.

もしわれわれの考えが正しければ，この関係は，イオン化を伴わない吸収をほとんど示さないような（当該の振動数では示さないような），すべての気体で成り立たなければならない．

ベルン，1905年3月17日

編者注

[1] 「真の分子（wirkliche Moleküle）」とはおそらく，解離していない分子のこと．
[2] x は α の誤り．
[3] アインシュタインの式に等価な表式が，1905年に，物質的共鳴子を用いることなく，レイリーとジーンズによって得られた．
[4] ここで「諸素量」というのは，原子レベルの基本定数のこと．1901年にプランクは水素原子の質量と，ロシュミット数（N），ボルツマン定数，電気素量を求めた．〔プランク定数を h，ボルツマン定数を k として，$\alpha = \dfrac{8\pi h}{L^3}$，$\beta = \dfrac{h}{k}$ である．〕
[5] S は，振動数 ν と $\nu+d\nu$ のあいだの放射に関するエントロピーで，対応するエネルギーは，$E = \upsilon\rho d\nu$ である．
[6] 最後の項は，正しくは T を掛けなければならない．
[7] $R\beta/N$ はプランクの "h" に相当する．
[8] PE は ΠE の誤り．

訳者あとがき

　本書は，原著刊行の経緯から少し複雑な構成になっているので，まずはじめにその点について述べたい．

　本書の編者であるジョン・スタチェルは，プリンストン大学出版局から現在刊行中の『アインシュタイン論文全集』(*The Collected Papers of Albert Einstein*) の編集に携わり，とくに第1,2巻では監修者を務めた人物である．

　『アインシュタイン論文全集』は，アインシュタインの論文や手紙類を年代順に収録し，編者による解説と詳細な注を付したもので，アインシュタイン研究の基本文献とされる．2011年現在，第12巻まで刊行されており，アインシュタインが1905年に発表した論文群は，第2巻 "The Swiss Years: Writings, 1900-1909" に，いずれもオリジナルのドイツ語のまま収められている．

　本書の原著である *Einstein's Miraculous Year* は，「奇跡の年」こと1905年に発表された5論文を新たに英語に訳出したものに加え，上記『論文全集』第2巻の各論文への詳細な解説および注を，本書の主旨に合わせて簡略化したものを収め，さらに物理学者ロジャー・ペンローズに

よる魅力的な序文を添えて，一冊の本としたものである．

本書の初版は 1998 年に刊行されたが，その後 2005 年に，「「奇跡の年」100 周年に寄せて」と題する，スタチェルによる書き下ろし論考をあらたに収録した版が，「「奇跡の年」100 周年版」（Centenary edition）として刊行された．本書の底本としたのは，その Centenary edition である．

さて，その本書の目的は，なんといってもアインシュタインの論文そのものを読者のみなさんに楽しんでいただくことだろう．アインシュタインは話も上手だし文章も達者で，講演や解説記事にも定評があるが，とりわけに彼の論文は，扱われている問題がまぎれもない歴史的重要性をもつ独創的なものであるのみならず，記述が簡潔明瞭であることなどから，科学論文のお手本と称賛されている．わけても本書に収められた 1905 年の 5 篇は，いずれも珠玉の作品である．

そんなアインシュタインの論文を訳しながら，わたしはどうしてもニュートンの『プリンキピア』と比較せずにはいられなかった．

わたしは若い頃に『プリンキピア』を読もうとして，あえなく挫折したことがある．あまりにもあっさり挫折してしまったので，挫折のほんとうの原因すらわからなかった．当時のわたしはその原因を，単に「力学をユークリッド幾何学でやるのはまわりくどいから」とか，「ベクトル概念もなしに力学をやるのはしんどいから」などと考えて

いたのだ．

しかしその後，『チャンドラセカールの「プリンキピア」講義』（講談社刊，共訳）の翻訳に参加させていただくという機会があった．その本の著者であるチャンドラセカールは，天体物理学に偉大な業績を残したノーベル賞受賞者で，卓越した数学力で名をはせた人物である．チャンドラセカールは，まず，ニュートンによる定理の証明を読まずに自力でそれを証明し，その後，ニュートン自身による証明と比較するという方法で『プリンキピア』に挑んだ．そのため訳者であるわたしは必然的に，チャンドラセカールの説明と，ニュートンの記述の両方に接することになったわけだが，チャンドラセカールが数学の解析学の方法を使って数ページにもわたって証明を展開しているのに対し，ニュートンの証明は，普通の文章でたった十行あまり，ということもあった．ニュートンの証明はあまりにも短く切り詰められており，「そんなものを読んだぐらいで，普通の人間に理解できるか！」と叫びたくなるような代物だった．

そのときわたしはこう思った——『プリンキピア』が読めない本当の原因は，「バカにくだくだ説明しているヒマはない」というニュートンのスタンスだったのだ，と．そしてここで言う「バカ」は，ニュートン以外のほとんどすべての人間に当てはまるのだろう．「たかが古典力学，現代人の知識をもってすれば，読めないはずはない」というわたしごときの思い上がりは，ニュートンの超人的な——

というより悪魔のような——洞察力と不親切の前に，瞬時に叩き潰されてしまったのである．

そんなニュートン体験をもつわたしにとって，アインシュタインの論文は，無駄のなさと親切さとがみごとに両立し，そんじょそこらの教科書などよりわかりやすいほどなのに，革命的な仕事のもつオーラを発散させているという，それこそ奇跡のような作品に思われた．『プリンキピア』から伝わってくる（ような気がした）ニュートンの心の声が，「バカにくだくだ説明しているヒマはない」だったとすれば，アインシュタインの奇跡の年の論文から伝わってきたのは，「わかってしまえば，簡単なことですよね？」という声だった．（とはいえ，「バカにくだくだ……」と，「わかってしまえば……」とでは，その内容が革命的なものであればあるほど，後者のほうが物理学者にとってショックは大きいと思うが……．）

それと関連して，本書全体のなかでもとくにわたしの心に残っているのは，アインシュタインがしばしば，「妹も同じ考えです」と言っていたという，エルンスト・シュトラウスの証言である（本書61ページ）．妹のマヤは物理学の教育など受けたことはなかったが，きっとアインシュタインは，マヤに自分の考えをちゃんとわからせることができたのだろう．

先に述べたように，本書の楽しみはそんなアインシュタインの論文を実際に読むことだ．しかしそれ以外にも，本書にはもうふたつの楽しみがある．ひとつは，小篇ながら

含蓄のあるペンローズの序文．そしてもうひとつは，スタチェルによる充実した論考，「100周年に寄せて」である．スタチェルは，広く流布した老賢人のようなアインシュタインのイメージを慎重に取り除くことにより，天才のみずみずしい青春を浮かびあがらせることに成功している．ここに描き出される若者が，「奇跡の年」の論文を生み出したのだと思えば，論文の印象もまた変わってくるのではないだろうか．読者のみなさんにはぜひ，いろいろな角度から本書を楽しんでいただきたい．

　アインシュタインの論文を日本語に訳出するにあたっては，基本的に上記の新英訳から訳出したが，『論文全集』収録のドイツ語原文を適宜参照した．また，『アインシュタイン選集』（共立出版），『相対性理論』（岩波文庫），『アインスタイン全集』（改造社）の既訳も随時参照した．

　最後になるが，長い翻訳の道のりをずっと伴走してくださった，筑摩書房の海老原勇氏に心よりお礼を申しあげる．

2011年8月

青木　薫

本書は「ちくま学芸文庫」のために新たに訳出されたものである。

ちくま学芸文庫

アインシュタイン論文選「奇跡の年」の5論文

二〇一一年九月十日　第一刷発行
二〇二四年二月五日　第四刷発行

著　者　アルベルト・アインシュタイン
編　者　ジョン・スタチェル
訳　者　青木　薫（あおき・かおる）
発行者　喜入冬子
発行所　株式会社　筑摩書房
　　　　東京都台東区蔵前二-五-三　〒一一一-八七五五
　　　　電話番号　〇三-五六八七-二六〇一（代表）
装幀者　安野光雅
印刷所　大日本法令印刷株式会社
製本所　株式会社積信堂

乱丁・落丁本の場合は、送料小社負担でお取り替えいたします。
本書をコピー、スキャニング等の方法により無許諾で複製する
ことは、法令に規定された場合を除いて禁止されています。請
負業者等の第三者によるデジタル化は一切認められていません
ので、ご注意ください。

©KAORU AOKI 2011　Printed in Japan
ISBN978-4-480-09403-2　C0141